Dominik Sommerer

Die Bahn-Rebellen vom Schnaittachtal

Von der totgesagten Bimmelbahn zur stolzen Vorzeigestrecke

Bibliografische Information der Deutschen Nationalbibliothek
Die Deutsche Nationalbibliothek verzeichnet diese Publikation in der Deutschen Nationalbibliografie. Detaillierte bibliografische Daten sind im Internet über portal.d-nb.de abrufbar.

Herstellung und Verlag:
BoD - Books on Demand, Norderstedt (www.bod.de)

ISBN 978-3-7526-4679-5 (Paperback)
(ISBN der Hardcover-Auflage 978-3-7448-1765-3)

1. Auflage 2017 (Hardcover)
2. Auflage 2020 (Paperback)

Lektorat:
Anita Held

Abbildungen:
Alle Abbildungen ohne Namenshinweis stammen vom Autor oder aus dessen Sammlung. Titelbild: Um *elf nach zwölf* verlässt die Schnaittachtalbahn am 12. September 2010 den Haltepunkt Schnaittach mit Ziel Nürnberg.

Das finden Sie in diesem Buch

Elf nach zwölf

Liebe Leserin, lieber Leser,

fünf vor zwölf war es im Jahr 1995 für die Eisenbahnstrecke zwischen Neunkirchen am Sand
und Simmelsdorf-Hüttenbach, einer totgesagten
Bimmelbahn am Rande der Großstadt Nürnberg. Damals wurde das 100-jährige Streckenjubiläum mit einem großen Fest gefeiert. Die Zukunft der Strecke war ungewiss.

Doch wie Sie auf dem Titelbild dieses Buches
sehen können: Um elf nach zwölf ist der letzte
Zug noch nicht abgefahren. Und Sie stellen zudem fest: Diese Bahnlinie hat sich zu einer stol-
zen Vorzeigestrecke gemausert.

Anhand einer spannenden Geschichte erzähle ich Ihnen auf den folgenden Seiten, wie es engagierte Bürgerinnen und Bürger geschafft haben,
aus einer angeblich unrentablen Nebenbahn eine moderne Regionalbahnstrecke zu machen – und was ein attraktives Bahnangebot auszeich-
net.

Ein unterhaltsames Buch für…

> … Eisenbahnfreunde und Bahnliebhaber
>
> … Leute, die in ähnlichen Vereinen oder Bürgerinitiativen aktiv sind
>
> … Menschen, die sich für Lokal- und Heimatgeschichte interessieren
>
> … Verkehrs- und Raumplaner, die keine Lust mehr auf trockene Fach-
> literatur haben

Zahlreiche Eisenbahnfotos aus meiner Schatzkiste der 1980er und 1990er
Jahre sowie ein Bonusteil mit amüsanten Kurzgeschichten und einer de-
taillierten Chronik runden dieses lokal- und verkehrsgeschichtliche Werk
ab.

Die Bahn-Rebellen vom Schnaittachtal sind im Juli 2017 erstmals erschienen.
Sie waren im August 2017 Bestseller bei Amazon in der Kategorie „Eisenbahn allgemein" und im September 2017 bei Amazon auf Platz 6 in
der Kategorie „Verkehrspolitik" (gleich nach *Lachnummer BER* über den
Berliner Flughafen).

Nachdem die erste Auflage als hochwertige Hardcover-Ausgabe im Brilliantdruck mit Fadenbindung aus der Druckerpresse kam, erscheint nun zum 125-jährigen Jubiläum der Schnaittachtalbahn die zweite aktualisierte Auflage als preisgünstiges Taschenbuch.

Ich wünsche Ihnen viel Freude beim Lesen!

Kassel, im November 2020

Dominik Sommerer

Bahnalltag in Neunkirchen am Sand im Herbst 1993: Ein Nahverkehrszug aus Simmelsdorf trifft ein.

Eine sterbende Eisenbahnstrecke

Ein Frühlingstag im Jahr 1986. Ein Telefon klingelt. Der Fahrdienstleiter tritt aus dem einstöckigen modernen Backsteingebäude auf den Bahnsteig. Er blickt auf drei Schwarz-Weiß-Monitore, die unter dem Bahnsteigdach angebracht sind. Darauf beobachtet er den Straßenverkehr auf dem etwa dreihundert Meter entfernten Bahnübergang. Per Hand kurbelt er die Schranken herunter. Wenige Minuten später kann ich einen Güterzug auf dem Bildschirm verfolgen, bis er, gezogen von einer großen roten

Diessellok, ein paar Sekunden später mit infernalischem Lärm und einem starken Windzug an mir vorbeidonnert. Ich halte mir die Ohren zu. Der Fahrdienstleiter kurbelt die Schranken wieder hoch, geht zu seinem Stuhl am Drucktastenstellpult und schließt die Glastür mit der Aufschrift „Dienstraum – Zutritt für Unbefugte verboten". Stille kehrt ein. „Jetzt kommt kein Zug mehr", sagt meine Oma zu mir.

Geglaubt habe ich das natürlich nicht und dennoch mag der Gedanke, dass kein Zug mehr kommen könnte, entscheidend für den Verlauf der folgenden Geschichte gewesen sein. Stundenlang steht meine Oma mit mir als fünfjähriges Kind am Bahnhof von Neunkirchen am Sand, weil ich unbedingt Züge beobachten will.

> *„Jetzt kommt kein Zug mehr."*
> Meine Oma, als sie nach Hause wollte

Neunkirchen liegt zwanzig Kilometer östlich von Nürnberg an der zweigleisigen nicht elektrifizierten Eisenbahnstrecke nach Bayreuth. Hier zweigt eine eingleisige Nebenstrecke ab. Ihre Zukunft ist ungewiss, denn in den letzten Jahren hat die Deutsche Bundesbahn viele Nebenstrecken ausgedünnt, stillgelegt und abgebaut.

Die zehn Kilometer lange Nebenbahn folgt immer dem Bach Schnaittach und verbindet drei fränkische Gemeinden mit dem europäischen Eisenbahnnetz: Simmelsdorf, Schnaittach und Neunkirchen. Die sechs Stationen heißen Simmelsdorf-Hüttenbach, Hedersdorf, Schnaittach Markt, Rollhofen, Speikern und Neunkirchen am Sand. Dort können Reisende in einen Zug der Hauptstrecke umsteigen: entweder westlich über Lauf nach Nürnberg oder östlich über Hersbruck nach Neuhaus. Einige Fahrten verkehren umsteigefrei von Simmelsdorf nach Nürnberg und zurück.

Reisekultur anno 1971

Mit meinen Eltern und meinem Bruder wohne ich direkt gegenüber der Endstation dieser Strecke in Simmelsdorf. Von meinem Kinderzimmer aus habe ich einen guten Blick auf den kleinen Bahnhof: sechs Weichen, zwei Bahnsteiggleise, zwei Ladegleise und ein zweiständiger Lokschuppen. Viel Betrieb ist nicht: Den Zugverkehr am Wochenende hatte die Bundesbahn im Jahr 1984 eingestellt und durch Busse ersetzt. „Werktags außer samstags" pendelt elfmal täglich ein Dieseltriebzug der Baureihe

614 zwischen Simmelsdorf und Neunkirchen. Ein solcher Triebwagen besteht aus drei oder vier Wagen, die durchgehend begehbar sind: vorne und hinten jeweils ein motorisierter Endwagen mit Führerstand und in der Mitte ein oder zwei antriebslose Mittelwagen. Die Farbgebung der ab dem Jahr 1971 gebauten Fahrzeuge spiegelt den damaligen Zeitgeist wider. Vielleicht erinnern Sie sich noch an die Festnetztelefone, die in den 1970er Jahren unter anderem wahlweise in kieselgrau, farngrün und hellrotorange erhältlich waren. Genauso sind auch die Züge gestaltet: Außen sind die Fahrzeuge orangerot-kieselgrau lackiert, innen sind die Sitzbänke in der zweiten Klasse im Nichtraucherbereich mit dunkelgrünen und im Raucherbereich mit orangeroten Stoffen gepolstert. Für eine Nebenbahn bieten die luftgefederten Züge einen hohen Fahrkomfort. Ganz abgesehen von der ersten Klasse, wo es Abteile mit je sechs dick gepolsterten, blau gestreiften Plüschsitzen und weißen Kopfkissen gibt, die sich zu einer Liegefläche herausziehen lassen.

Planmäßig fuhr die Baureihe 211 nur bis zum Jahr 1984 mit Reisezügen nach Simmelsdorf. Der Einsatz vor…

… und hinter einem Silberling-Wendezug, noch dazu mit einem „Hasenkasten"-Steuerwagen wie hier Anfang 1991 ist eine Ausnahme.

Klassisch reist man im Nahverkehr der Bundesbahn der 1980er Jahre deutlich rustikaler auf roten Kunstleder-Sitzbänken in einem der über 5.000 Silberlinge. Den Spitznamen *Silberling* verdanken die Fahrzeuge ihrem Wagenkasten aus blankem, nicht rostendem Edelstahl. Die Lokomotiven sind zumeist ozeanblau-beige lackiert – die Bundesbahn zeigt sich einerseits in einem strengen und konservativen Farbschema, andererseits solide und zuverlässig. Die Züge fahren „bei jedem Wetter" und „pünktlich wie die Eisenbahn". Nur gelegentlich schiebt eine Diesellok der Baureihe 211 solch eine aus vier Silberlingen bestehende Zuggarnitur nach Simmelsdorf und zieht sie zurück nach Neunkirchen.

Güter gehörten auf die Schiene

Die Baureihe 211 ist in den 1980er Jahren der Klassiker auf den Nebenbahnen Westdeutschlands und zieht die Güterzüge nach Simmelsdorf. Sie verkehren montags bis freitags am Vormittag, so dass ich sie nur in den Schulferien beobachten kann. Wenn ich aus der Schule komme, kann ich anhand der blanken Schienenköpfe sehen, welche der sonst verrosteten Gleise von der Rangierlok befahren wurden.

Pauli, der Lebensgefährte meiner Paten-Tante, ist von Beruf Lokführer und fährt auf der Diesellok der Baureihe 211 mit Güterzügen auch nach Simmelsdorf. Als ich etwa sieben Jahre alt bin, kommt er an einem Ferientag mit einem kurzen Güterzug mit quietschenden Bremsen an Gleis 1 zu stehen. Der Rangierer kuppelt die Lok vom Wagenzug ab und Pauli fährt mit ihr vom Zug weg, um sie über das zweite Gleis an das andere Zugende umzusetzen. Als er am Fenster meines Zimmers vorbeifährt, winkt er von seinem hohen Führerstand zu mir herüber. Ich ziehe meine Schuhe an und renne hinüber zum Bahnhof. Der Rangierer hebt mich mit beiden Händen hinauf auf den hohen Führerstand und ich darf während des Rangierens im Bahnhof auf der Lok mitfahren.

Der Frachtverkehr wird zur damaligen Zeit über zwei Gütergleise abgewickelt. An ein Gleis sind das große Lagerhaus der BayWa sowie der Ladehof mit Kopf- und Seitenrampe angeschlossen. Der Name BayWa kommt von Bayerische Warenvermittlung und ist ein genossenschaftlich organisierter Landhandel. Bauern können dort ihre Erzeugnisse zur Vermarktung anliefern oder Saatgut, Dünger, Viehfutter, Pflanzenschutzmittel und Landmaschinen kaufen. Am anderen Gleis steht ein Kalksilo. Der

Kalk wird mit Silo-Lastwagen angeliefert und von oben in zweiachsige Schüttgutwagen mit Schwenkdach gefüllt. Der Güterverkehr in Simmelsdorf findet im Wechsel der Jahreszeiten statt. Während der Getreideernte warten die Bauern mit ihren Traktoren und Anhängern in einer langen Schlange entlang der Bahnhofstraße, damit sie das Korn bei der BayWa in einen Schacht kippen können. Dieses wird von oben in zweiachsige Schüttgutwagen mit Dach gefüllt. Die BayWa erhält auch gedeckte Güterwagen. An der Laderampe wird Holz auf Rungenwagen geladen. Im Winter liefert die Bundesbahn Streusalz und Steinkohlebriketts an. Nur für wenige Jahre, etwa von 1989 bis 1991, befindet sich am Streckenende eine Umfüllstation für Flüssiggas. Dazu werden etwa 25 Meter Gleis am Streckenende samt Prellbock umzäunt und eine Gleissperre gebaut, die umgelegt werden muss, damit die vierachsigen weißen Gaskesselwagen mit der typischen orangefarbenen Bauchbinde durch das Tor zugestellt und abgeholt werden können.

Nachdem Pauli und der Rangierer leere und beladene Wagen ausgetauscht, den Zug zusammen rangiert und zur Abfahrt in Gleis 1 bereitgestellt haben, heult der Dieselmotor der Lok auf und Pauli verabschiedet sich mit einem Pfiff Richtung Neunkirchen.

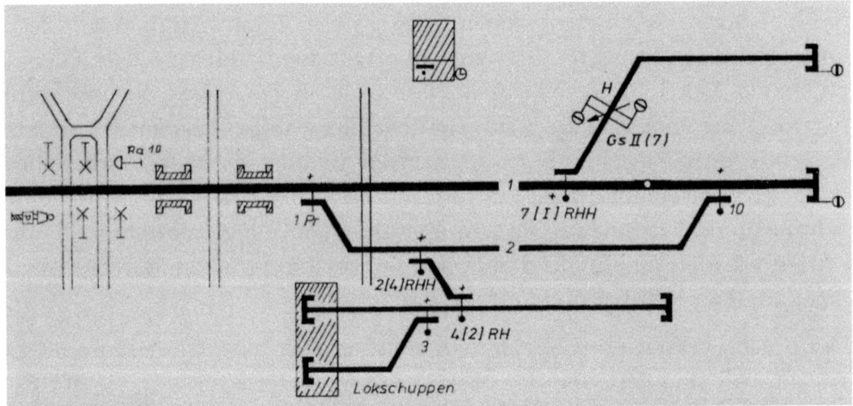

Gleisplan des Bahnhofs Simmelsdorf zwischen 1986 und 1988: Über das oben abgebildete Gleis sind BayWa, Ladehof sowie Kopf- und Seitenrampe erreichbar. An das unten abgebildete Gleis sind Lokschuppen und Kalksilo angeschlossen.

Wenn sich im Herbst die Blätter der Bäume bunt färben, liegen im Ladehof riesige Berge von Zuckerrüben, die ein Radlader in offene Güterwagen füllt (1990).

Von Zeit zu Zeit kommen außergewöhnliche Frachten nach Simmelsdorf. Für eine neue Stromleitung hinter unserem Wohnhaus werden die dafür benötigten Betonmasten mit der Eisenbahn angeliefert und an der Rampe entladen (1991).

Altrot waren die Lokomotiven der Baureihe 211 bei Auslieferung lackiert. 211 022 trägt 1992 beim Rangieren in Simmelsdorf noch ihr altes Farbkleid von 1961.

Her mit der Kohle! Überwiegend setzt die Bundesbahn ozeanblau-beigefarbene Maschinen ein. 211 044 schiebt 1992 einen Wagen in den Ladehof.

Ab 1987 war mit dem neuen Farbkonzept der Bundesbahn wieder rot angesagt, genauer: orientrot. 290 384 rangiert im Jahr 1992 in Simmelsdorf.

Im Jahr 2013 ist der Güterverkehr eingestellt, die Gleise sind abgebaut, die BayWa ist abgerissen. Grün erobert den ehemaligen Bahnhof.

Alle reden vom Wetter, die Bundesbahn nicht: Eine Lok der Baureihe 211 rangiert im Winter 1990 am Kalksilo.

211 050 ist im Februar 1991 mit einem Flachwagen in Simmelsdorf angekommen und setzt gerade um. Gleich wird sie ihn an die Kopf- und Seitenrampe schieben, damit die Ladewagen für die BayWa entladen werden können.

Ein Güterzug, bespannt von 211 060, verlässt Simmelsdorf im Herbst 1991.

Symptome einer sterbenden Bahnlinie

Ein besonderes Erlebnis für mich sind Gleisbauarbeiten und die dann verkehrenden Spezialzüge. Im April 1988 werden mit einem gelben Eisenbahndrehkran eine Weiche und ein Teil des Siloglеises erneuert. Gleichzeitig werden zwei marode Weichen und der nicht mehr benutzte Gleisanschluss zum Lokschuppen abgerissen. Zwei Jahre später, im März 1990, erneuert die Bundesbahn das zweite Bahnsteiggleis und verkürzt es. Nach jedem Umbau wird der im kleinen Stellwerk von Simmelsdorf hängende Gleisplan angepasst. Schwarze Linien zeigten den aktuellen Gleisverlauf. Der alte Gleisverlauf wurde mit weißem Klebeband überklebt. Anhand der durchschimmernden schwarzen Linien kann ich erkennen, dass der Bahnhof früher etwa doppelt so viele Gleise und Weichen hatte. So ist der Niedergang der Nebenbahn auch für mich als Kind ersichtlich. Mit jeder Baumaßnahme werden Gleise um einige Meter gekürzt oder abgebaut. Im Jahr 1986 baut die Bundesbahn das zweite Gleis im Ladehof sowie den Gleisanschluss zum Güterschuppen ab. Der Güterschuppen selbst wird im Winter 1990/91 abgerissen.

Für die Erneuerung von Gleis 2 liefert 365 635 am 1. März 1990 neue Schienen auf speziellen Langschienenwagen an.

Am 5. März 1990 wird Gleis 2 zunächst mit einem Kran komplett abgebaut und die Gleisjoche werden auf Flachwagen verladen.

Blick in die andere Richtung: Eine Lok der Baureihe 360 ist mit fünf Wagen Schotter eingetroffen, damit das neue Gleis 2 eingeschottert werden kann.

Anfang 1992 folgt nach der Einstellung der Kalkverladung der Abriss des Kalksilos. Das erst vier Jahre zuvor erneuerte Silogleis wird abgebaut und abtransportiert.

Aufgrund des geringeren Güteraufkommens verkehren die Güterzüge ab 1993 nur noch zweimal pro Woche. Immer dienstags und donnerstags fährt der in der Eisenbahnersprache als Übergabe bezeichnete Güterzug vormittags von Neunkirchen am Sand nach Simmelsdorf und kurze Zeit später wieder zurück nach Neunkirchen. Wenn die ab 1992 eingesetzte Diesellok der Baureihe 290 keine Wagen mehr bringt, sondern nur Wagen mitnimmt, bin ich traurig. Denn solange im Bahnhof ein Güterwagen steht, bedeutet dies, dass der letzte Zug noch nicht abgefahren ist.

Anfang 1992 wird das Kalksilo abgerissen.

Zukunft braucht Herkunft

An Neujahr 1994 tritt die erste Stufe der Bahnreform in Kraft. Nach der Wiedervereinigung Deutschlands werden Deutsche Bundesbahn und Deutsche Reichsbahn entschuldet und in das privatwirtschaftlich organisierte, in Bundesbesitz befindliche Unternehmen Deutsche Bahn AG überführt. „Zukunft braucht Herkunft", verkündet der Vorstandsvorsitzende Heinz Dürr. Doch damit hat er nur die Bundesbahn gemeint. Das Gesundschrumpfen geht weiter, auch bei der Schnaittachtalbahn: Am 26. September 1994 stellt die Deutsche Bahn AG den Güterverkehr auf der Schiene nach Simmelsdorf komplett ein. Was bleibt, ist der Personenverkehr.

Der letzte Güterzug ist abgefahren: Gesperrtes Gleis in Simmelsdorf im Sommer 1995.

Die Eisenbahn in Simmelsdorf bestimmt meinen Alltag. Wenn mein Freund Daniel und ich im Sommer im Schrebergarten seiner Großeltern am Bahnhof spielen und die zwei Boxermotoren des Triebzuges aufheulen, ist das der Moment, als gegen sechs Uhr abends die erste der beiden Zuggarnituren auf das zweite Bahnsteiggleis rangiert wird. Der Zug wird dort über Nacht zur Batterieladung an den Strom angeschlossen. Lokführer und Schaffner trinken vielleicht in der Bahnhofsgaststätte noch ein Feierabendbier und schlafen in den Übernachtungsräumen des Lokschuppens. Auch für mich ist es dann Zeit, nach Hause zu gehen. Im Laufe der Jahre habe ich so eine persönliche Bindung zum Verkehrsmittel Eisenbahn und speziell zur Schnaittachtalbahn entwickelt.

Einsteigen ohne Umsteigen: Die Karlsruher Stadtbahn liefert dem Autor viele Inspirationen für die Zukunft der Schnaittachtalbahn (Eppingen, 1997).

Ein Hoch auf den gelben Wagen

Während meiner gesamten Kindheit und Jugend bin ich Außenseiter, Anders- und Querdenker. Schon als Kind lerne ich, dass das, was andere tun und denken, nicht richtig sein muss und dass man in der Welt auch als Einzelner etwas bewegen kann. Ich wurde im Jahr 1980 – dem Gründungsjahr der Grünen – geboren und wachse mitten in der Ökobewegung auf. Mein Vater ist während meiner Kindheit aktives Mitglied bei den Grünen. Gefühlt jedes Wochenende tackern wir zusammen mit anderen skurrilen Menschen dieser jungen Partei, welche – so ein Wahlplakat – die Erde von ihren Kindern nur geborgt haben, in irgendeiner Garage Plakate auf Plakatständer. Mit vollbärtigen Männern, die Schafe züchten oder ihre Autos mit Aufklebern „Atomkraft – nein danke!" schmücken. Und mit gleichberechtigten Frauen mit Doppelnamen, deren Kinder ausgefallene Vornamen haben. Wir verbringen unsere Zeit auf Bürgerinnen- und Bürgersteigen an Infoständen für „Das bessere Müllkonzept" und demonstrieren beim Eichelbergfest gegen ein Munitionsdepot und eine Mülldeponie. Unsere Wochenendausflüge führen nach Wackersdorf in der Oberpfalz, wo wir auf einer Großdemo gegen die im Bau befindliche Wiederaufbereitungsanlage für atomare Brennstoffe demonstrieren. Mein Vater engagiert sich durch seine Mandate im Gemeinde- und Kreisrat bei den Grünen auch für den öffentlichen Nahverkehr und besitzt darüber eine umfangreiche Sammlung von Fachartikeln und Zeitungsausschnitten. Eine Schrift, die mich besonders beeindruckt, ist *Nahverkehr der Zukunft*, herausgegeben vom Zentrum Arbeit Technik und Umwelt e. V.. Sie berichtet über eine gleichnamige Veranstaltung mit Podiumsdiskussion, die im April und Mai 1989 in Erlangen und Nürnberg stattfindet.

Plakat der Grünen zur Bundestagswahl 1983 [73]

Inspirationen vom Straßenbahn-Papst

Besonders der Beitrag von Dieter Ludwig, damals Werk- und Betriebsleiter der Karlsruher Verkehrsbetriebe, inspiriert mich sehr. Während die Deutsche Bundesbahn davon ausgeht, dass erst die Kunden kommen müssen und man dann auch das Angebot verbessern könne, geht er den umgekehrten Weg:

> *„Wir haben Marketing gemacht und dies an die allererste Stelle gestellt. Denn Marketing heißt ja eigentlich nichts anderes, als sich die eigenen Leistungen einmal mit den Augen seiner Kunden anzuschauen und sich dann fragen, warum der sie nicht benutzt.*

Da kommen natürlich auch Selbstverständlichkeiten raus. (...) Aber es kam eben auch für uns überraschend heraus (...) daß es den Fahrgast nicht interessiert, ob er nun eine Gemarkungsgrenze überwinden muß, weil er von der Gemeinde A zur Gemeinde B fuhr oder vielleicht sogar in ein anderes Bundesland und es hat ihn auch nicht interessiert, ob er mit 750 V Gleichstrom oder mit 15 kV Wechselstrom gefahren wird. Das muß man alles erkennen, daß man allmählich begreift, daß Kundennutzen ganz oben steht. (...)

Wir haben früher Beförderungsfälle abgefertigt. Das heißt nach Statistik heute immer noch so. Wir fertigen Beförderungsfälle ab und wir müssen begreifen, daß wir Kunden bedienen und daß der Kunde eigentlich vorgibt, wann er fährt. Den interessiert unser Umlauf nicht. Der will selbst sagen, wann er wegfährt und noch überraschender, er will sagen, wohin er fährt." (...)

Das Karlsruher Modell

Dieter Ludwig schildert weiter, wie er dies in Karlsruhe gelöst hat. Dort liegt die Innenstadt knapp drei Kilometer vom Hauptbahnhof entfernt. Wer beispielsweise von Bretten in die dreißig Kilometer entfernte Karlsruher Innenstadt fahren wollte, musste erst mit dem Bus zum Bahnhof Bretten fahren, dann mit der Bundesbahn zum Karlsruher Hauptbahnhof, dort umsteigen in die Straßenbahn und für jedes Verkehrsmittel eine extra Fahrkarte kaufen. „Das ganze Ding dauert fast eine Stunde. Man reist sehr abwechslungsreich, aber man reist selten, und das wollten wir verändern." Er erzählt, wie er das Problem gelöst hat:

„Wir haben uns ein Fahrzeug zusammengebastelt (...) mit dem wir eben als Straßenbahn fahren können, durch Fußgängerzonen, dann fahren wir als Landeseisenbahn vor die Stadt und dann auf den Bundesbahnstrecken als Deutsche Bundesbahn und draußen wieder als Straßenbahn, wo's passt. Und der Fahrgast merkt das gar nicht. Der kommt nur ganz rasch im gleichen Wagen mit der gleichen Fahrkarte dorthin, wo er hin will. Und auf einmal kriegen Sie plötzlich steigende Fahrgastzahlen und auf einmal wird's wirtschaftlich, und wir brauchen über Defizite nicht sprechen, weil die Kosten dann tragbar sind." (...)

Freude am Fahren: Unterwegs in der Karlsruher Stadtbahn mit Panoramafenstern, Vorhängen, Armlehnen, Teppichboden, Tischen und Klimaanlage (1997).

An der Crossing-Plattform in Ettlingen Stadt halten im Frühjahr 1998 Stadtbahn und Zubringerbus Tür an Tür. Das Bahnsteigdach schützt bei Regen.

„Wir versuchen (…) attraktiv zu werden. Ein Schlagwort, was aber ausgefüllt werden muss. Attraktivität heißt eben vor allem Reisezeitverkürzung und zwar an erster Stelle, nicht bei dem Markt, den wir ohnehin haben: Die Alten, die Schüler, die Auszubildenden, Sie kennen alle As. Sondern wir wollen dort den Markt bekommen, der die Alternative Kfz zur Verfügung hat. Er hat ungeahnte Vorteile: jederzeit verfügbar, nicht gestautes Kreisstraßennetz und, und, und. (…)

> *„Für uns ist Taktverkehr ja Evangelium, Taktverkehr muss sein."*
> Dieter Ludwig

Zur Attraktivität gehört eben auch ein gutes Fahrzeug. (…) Wir haben einfach mal, weil ich es wissen will, welche Wirkungen das hat, Komfort eingebaut. (…) D. h., (…) daß wir nur drei Sitze in einer Reihe einbauen, daß wir den Sitzteiler um 20 cm rausziehen, daß Teppichboden kommt, Tische und Vorhänge, eine Garderobe, daß wir die Fenster ins Dach reinziehen als Panoramawagen, klimatisiert, und und und. (…)

Natürlich gehören da auch gute Tarife dazu. (…) Der Bürger rechnet seine Betriebskosten, und ob da hinten die Kinder sitzen oder die Mutter daneben, es kostet eben das gleiche. Das haben wir dann auch gemacht. (…) Und da haben wir eine Regiokarte, die kostet 10,00 DM, da können Sie auch 24 Stunden lang in der gesamten Region fahren, mit zwei Erwachsenen und zwei Kindern. (…) Wir haben überall Wartehallen und Kioske nachgebaut. Wo der Zubringerbus, Crossing Plattform, unmittelbar Tür an Tür steht. Und Park und Ride Plätze, auch für die Fahrräder, ein ganz wichtiger Markt. (…)

Für uns ist Taktverkehr ja Evangelium, Taktverkehr muss sein. (…) so wie wir das seit 20 Jahren nach Bad Herrenalb machen; jeder Autofahrer weiß, immer zur vollen Stunde fährt dort eine Straßenbahn nach Karlsruhe, der braucht keinen Fahrplan."

Systemgrenzen überwinden

Und der Wagen, der rollt: Das Karlsruher Modell wird in den folgenden dreißig Jahren Vorbild für viele Städte und Regionen in der ganzen Welt. Nicht der Fahrgast steigt um, sondern die Bahn überwindet Systemgrenzen. Dieter Ludwig erhält die Ehrendoktorwürde der Universität Karlsruhe und ist Träger zahlreicher Auszeichnungen wie beispielsweise dem Bundesverdienstkreuz.

Sein Lebenswerk inspiriert mich, darüber nachzudenken, wie die Schnaittachtalbahn attraktiver werden kann. Die bisherigen Bemühungen der Lokalpolitiker sind lediglich auf den Erhalt der Strecke beschränkt. Nur wenn die Einstellung der Strecke wieder einmal akut ist, regt sich bei Politikern lautstark Protest. Dazu, wie man mehr Kunden in die Züge bringen kann, gibt es keinerlei Ansätze.

Zwei RegionalSchnellBahnen – besser bekannt als Pendolino – begegnen sich im Winter 1992 in voller Fahrt in Neunkirchen am Sand.

Ein neues Eisenbahn-Zeitalter beginnt

Etwa zur gleichen Zeit nimmt in Deutschland ein neues Eisenbahn-Zeitalter seinen Anfang. Am 29. Mai 1991 startet die Deutsche Bundesbahn mit dem InterCityExpress (ICE) zwischen Hamburg, Frankfurt, Stuttgart und München das Hochgeschwindigkeitszeitalter. Nach dem großen Erfolg auf der ersten Linie kommt der ICE ein Jahr später mit seiner zweiten Linie zwischen Hamburg bzw. Bremen und München nach Nürnberg. Das neue Zeitalter in der Region wird aber erst durch den Pendolino komplett. Ab dem 31. Mai 1992 verbindet dieser Nürnberg mit Bayreuth und Hof. Der Pendolino ist ein völlig neuer Zug, der sich dank seiner Neigetechnik wie ein Motorradfahrer in die Kurven legen kann und dadurch rund zwanzig Prozent schneller ist. Innen hell und freundlich, mit gepolsterten Einzelsitzen, klappbaren Armlehnen, Leselampen und Tischen ausgestattet, außen windschnittig, in frischen Weiß- und Türkistönen gestaltet, bietet er einen auffälligen Kontrast zum behäbigen und verstaubten Bundesbahn-Mief mit grauen Silberlingen, dunkelroten Kunstledersitzen, lauten Diesellokomotiven und den poppig-orangen Dieseltriebwagen der Baureihe 614 aus den 1970er Jahren.

Auf den Bahnsteigen in Neunkirchen werden weiße Linien aufgemalt und Warnschilder mit der Aufschrift „Achtung Schnellfahrten" montiert, um die Fahrgäste vor den schnellen und leisen Zügen zu warnen.

Klare Qualitätsmerkmale

Nicht nur das Fahrzeug ist neu, sondern auch das Konzept: Die Deutsche Bundesbahn führt ihn als Produkt RegionalSchnellBahn, kurz RSB, mit klaren Qualitätsmerkmalen ein. „Mit Takt und Tempo" ist das Motto: Neben Komfort und Schnelligkeit bietet der Pendolino einen Stundentakt von morgens bis abends an allen sieben Tagen der Woche. Leicht merkbare Taktfahrzeiten im Stundentakt, beispielsweise ab Nürnberg um 5.48, 6.48 und 7.48 Uhr machen den Blick in den Fahrplan überflüssig. An den Endpunkten der Linien sorgen Anschlüsse für zügiges Weiterkommen. In der Tagespresse wird der Pendolino mit euphorischen Schlagzeilen gefeiert und innerhalb eines Jahres steigt die Zahl der Fahrgäste zwischen Nürnberg und Bayreuth laut

> *„Mit Takt und Tempo"*
> Bundesbahn-Werbung, 1992

einem Bericht der *Nürnberger Nachrichten* von 1993 um 20,9 Prozent an. Der Pendolino, so Nikolaus Meyer von der Bundesbahn, habe bei 5.000 zusätzlichen Fahrgästen in der Woche auch einen deutlichen Entlastungseffekt für die stauträchtige Autobahn Nürnberg–Berlin.

Es ist also wahr, was Dieter Ludwig in seinem Vortrag erzählte: „Kundennutzen muß ganz oben stehen, um richtig reagieren zu können." Der Unterschied ist allerdings, dass ich das nicht nur theoretisch gelesen hatte, sondern das gute Beispiel direkt vor der Haustüre *erfahren* konnte.

Alle umsteigen!

Immerhin: Mit dem Pendolino gestaltet die Bundesbahn den Nahverkehrsfahrplan im Pegnitz- und Schnaittachtal neu. Sie führt montags bis freitags auf der Strecke Neunkirchen–Simmelsdorf den Stundentakt zwischen 5 und 19 Uhr ein. Gleichzeitig werden alle Direktverbindungen zwischen Simmelsdorf und Nürnberg gestrichen, so dass Reisende immer in Neunkirchen umsteigen müssen, wenn sie in die nächstgrößeren Städte Lauf, Hersbruck oder Nürnberg fahren wollen.

Mit Takt, Tempo, Platz und Atmosphäre wirbt die Bundesbahn im Jahr 1992 in ihren Imagebroschüren für den InterCityExpress und den Pendolino.[74]

Die Weiche umstellen

In mir reift eine Idee, wie die sterbende Eisenbahn im Schnaittachtal wiederbelebt werden kann. Die meisten Fahrgäste wollen vom Abzweigbahnhof Neunkirchen weiter Richtung Lauf und Nürnberg. Wenn, wie Dieter Ludwig betont, Kundennutzen ganz oben steht, bedeutet dies, dass die Schnaittachtalbahn über Lauf bis Nürnberg fahren muss. Im Gegensatz zur Karlsruher Stadtbahn und dem Pendolino bräuchte die Bundesbahn dafür kein neues Fahrzeug konstruieren und kaufen. Sie müsste keine Gleise umbauen, denn die Schnaittachtalbahn ist in Neunkirchen über eine Weiche mit der Hauptstrecke nach Nürnberg verbunden. Die Bundesbahn müsste diese Weiche nur einmal pro Stunde umstellen. Wie sich später jedoch noch zeigen wird, habe ich mit meiner Idee in meiner jugendlichen Leichtigkeit gegen die drei goldenen Beamtenregeln verstoßen.

Die drei goldenen Beamtenregeln:

1. Das haben wir schon immer so gemacht.

2. Das haben wir noch nie so gemacht.

3. Da könnte ja jeder kommen.

Fröhliche Menschenmassen und pompöse Blasmusik begrüßen am 16. September 1995 den Jubiläumszug in Neunkirchen am Sand.

Die Schnaittachtalbahn feiert Geburtstag

Es ist Samstag, der 16. September 1995. Ich stehe bewaffnet mit meiner Pentax Optio 110 in Neunkirchen am Sand am Mittelbahnsteig. Auf dem Hausbahnsteig an Gleis 1 drängen sich Menschenmassen an diesem sonnigen Spätsommertag. Mit einem Pfiff kündigt sich ein Dampfzug an. Wenige Sekunden später bleibt dieser aus Nürnberg kommende Sonderzug, bestehend aus sechs vierachsigen Umbauwagen des Verkehrsmuseums Nürnberg, bespannt von zwei Dampflokomotiven, neben mir stehen. Die Blaskapelle spielt „Die alte Dampfeisenbahn".

Es gibt etwas zu feiern: das einhundertjährige Jubiläum der Nebenbahn von Neunkirchen nach Simmelsdorf. Da im Endbahnhof Simmelsdorf von den beiden Bahnsteiggleisen das Gleis 1 durch zahlreiche Ausstellungsfahrzeuge belegt ist und zwischen Bahnsteig und Streckenende Fahrten mit einer Handhebeldraisine stattfinden, können die Lokomotiven dort nicht ans andere Zugende rangiert werden. Folglich müssen alle Sonderzüge mit je einer Lok an der Zugspitze und am Zugschluss bespannt werden. „Sandwich fahren" heißt das in der Eisenbahner-Sprache. Dazu wird vor der Weiterfahrt nach Simmelsdorf in Neunkirchen die vordere der beiden Dampfloks abgekuppelt und von der Zugspitze an den Zugschluss umgesetzt. Während des Rangiermanövers nehme ich meinen neuen Fotostandpunkt auf Höhe des Bahnübergangs ein, um die Ausfahrt des Dampfzuges, bespannt mit der Dampflok 50 3688 und der nun am Zugschluss hängenden 86 457, zu fotografieren.

Der offizielle Jubiläumszug verlässt am 16. September 1995 den Bahnhof von Neunkirchen am Sand Richtung Simmelsdorf.

Frischer Wind im Nahverkehr

Die moderne Bahn präsentiert sich auf dem Ladegleis in frischen und freundlichen Pastellfarben und mit neuen Namen. Aus den Zügen sind Produkte geworden, deren Farben sich am Charakter der Züge orientieren: Frischen Wind in den Nahverkehr bringt die minttürkis-weiße RegionalBahn, vertreten durch den Dieseltriebwagen 614 060. Der blauweiße InterRegio-Wagen als Nachfolger des D-Zugs assoziiert Weite und Fernreisen, das orientrot-weiß des InterCity-Wagens steht für Schnelligkeit und Dynamik. Ist die konservative Staatsbahn auf dem Weg zu einer liebenswürdigen und menschlichen Bahn?

Das Jubiläums-Programm

Schnaittach im Mittelpunkt

Nachdem ich die Fahrzeuge besichtigt habe, fahre ich mit meinem Fahrrad die gut fünf Kilometer von Neunkirchen nach Schnaittach. Schnaittach liegt genau zwischen den beiden Endpunkten Neunkirchen und Simmelsdorf. Als einzige Station verfügt Schnaittach über ein Kreuzungsgleis, wo sich Züge auf der eingleisigen Strecke begegnen können. Das restliche Jubiläumswochenende verbringe ich überwiegend am Infostand der Schnaittacher Grünen am Bahnhof. Die Zeit gestaltet sich aus drei Gründen sehr kurzweilig. Erstens begegnen sich hier am Sonntag stündlich die beiden Nostalgiezüge, die an jedem Zugende mit einer Diesel- und Dampflok bespannt sind.

Begegnungsverkehr in Schnaittach am 17. September 1995 mit den Dampfloks 86 457 und 50 3688 auf der Südseite…

… und den Dieselloks V80 002 und V200 007 auf der Nordseite.

Zweitens habe ich pünktlich zum Streckenjubiläum ein 32-seitiges Zukunftskonzept für die Schnaittachtalbahn erstellt, das am Infostand zur Ansicht ausliegt. Standbesucher können eine kostenlose vierseitige Kurzfassung auf einem gefalteten A4-Blatt mitnehmen und auf einem Fragebogen Ideen für eine bessere Schnaittachtalbahn einbringen. Drittens lerne ich den Eisenbahnfreund Bernd Loos kennen. Bernd hat für den Schnaittacher Ortsverband der Grünen ein vierseitiges Nebenbahnkonzept erstellt. Viele unserer Ideen decken sich, wie beispielsweise schnelle, umsteigefreie Direktverbindungen zwischen Simmelsdorf, Lauf und Nürnberg. Es ergibt sich ein interessanter Gedankenaustausch.

„Bis in 25 Jahren wieder!"
Bernd bei Abfahrt des letzten Sonderzuges

Stilllegung oder Renaissance?

Am Sonntag drehe ich mit dem Erfurter Traditionszug noch eine Runde durch das Schnaittachtal und treffe mich dann mit Bernd in Schnaittach, um den letzten Dampfzug des Jubiläums zu fotografieren. Doch die Diesellok am Zugschluss fehlt. Sie muss in Simmelsdorf geblieben sein. Wir warten ab. „Bis in 25 Jahren wieder!", sagt Bernd und grinst. Wir stehen an diesem Sonntagabend mit gemischten Gefühlen auf der Laderampe des Schnaittacher Bahnhofes, während sich die Diesellok V200 007 mit dem allerletzten Zug des Jubiläums mit einem lauten Pfeifkonzert verabschiedet. Verärgert, weil mein Film voll ist und ich kein Foto von diesem Zug machen kann, der sämtliche auf dem Bahnhof Simmelsdorf und Schnaittach ausgestellten Fahrzeuge einsammelt. Glücklich über das tolle Eisenbahnfest. Nachdenklich, ob wir in 25 Jahren wieder ein Eisenbahn-Jubiläum im Schnaittachtal feiern würden. Denn die Bestandsgarantie der Nebenbahn durchs Schnaittachtal läuft zum 31. Dezember 1995 ab. Franz Semlinger schreibt in seinem anlässlich des Streckenjubiläums erschienenen Buch *Simmelsdorf-Express*:

> *„Was passiert nach dem Jahr 1995? Feiern wir heuer noch Jubiläum und nächstes Jahr die Einstellung der Nebenbahnstrecke oder sogar eine Renaissance, wenn am Wochenende wieder Züge fahren sollen?"*

Rund 6.000 Fahrkarten werden an beiden Jubiläumstagen verkauft und am Fest nehmen nach vorsichtigen Schätzungen weit über 10.000 Menschen teil. Die *Pegnitz-Zeitung* titelt auf ganzseitigen Artikeln: „Gutes Ausflugswetter lockte Massen zum Nebenbahn-Jubiläum", „Das ganze Schnaittachtal im Dampflok-Fieber" und „Züge von Kameras umzingelt". Durch das Jubiläum wird die fast vergessene Eisenbahnstrecke im Schnaittachtal wieder im Bewusstsein der Bevölkerung verankert.

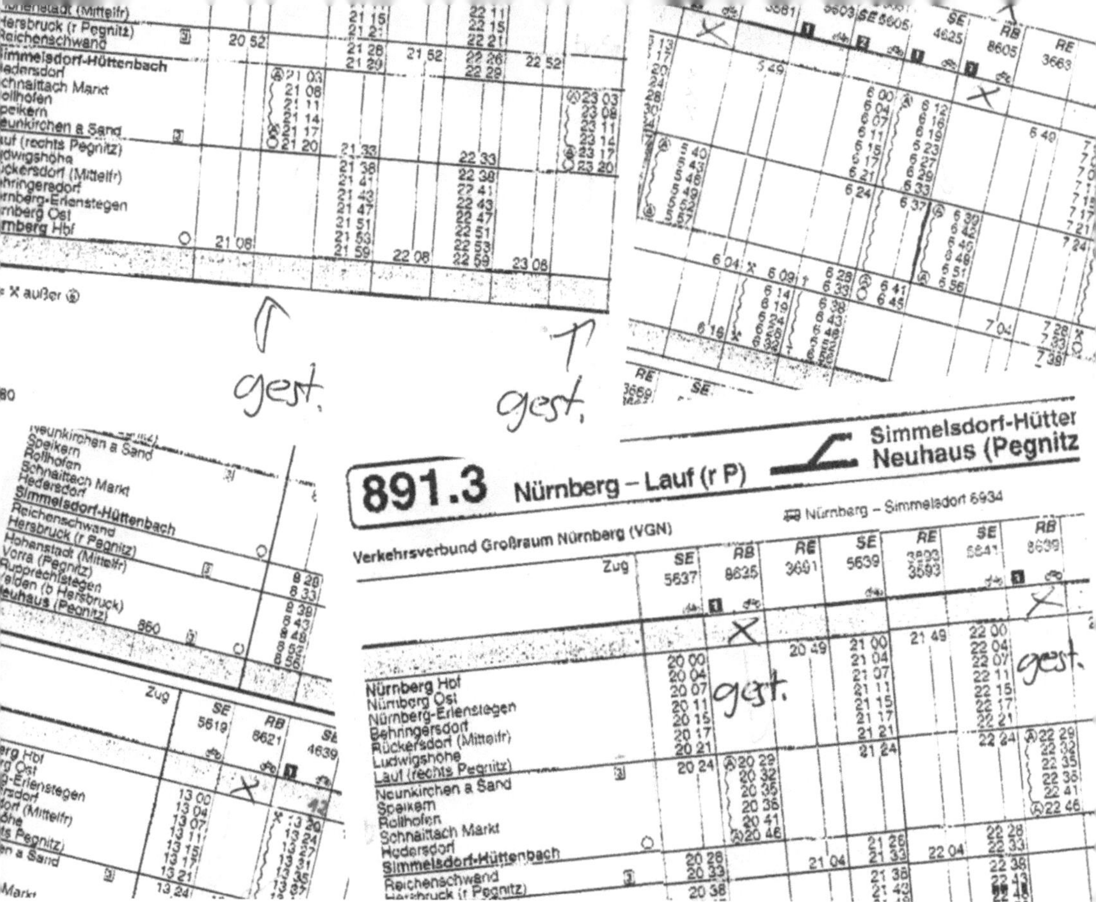

Zwei neue Abendverbindungen pro Richtung verspricht der Fahrplanentwurf vom Februar 1996. Es ist nicht das einzige Versprechen, das gebrochen wird.

Das gebrochene Versprechen

Bei der Eröffnungsrede zum Streckenjubiläum kündigen Vertreter von Bahn und Politik für Sommer 1996 große Verbesserungen an: Die Schnaittachtalbahn soll stündlich fahren, auch spätabends und am Wochenende. Das lästige Umsteigen Richtung Lauf und Nürnberg soll allerdings erhalten bleiben: Es „bestehen hinsichtlich Trassenbelegung, Wagenmaterial und Umlaufgestaltung derartige Sachzwänge, daß keine Spielräume für weitergehende Änderungen im Betriebsablauf bestehen."

Es wäre daher nicht möglich, Ihr Konzept für die Schnaittachtalbahn bei den nahezu abgeschlossenen Planungen zum ITF zu berücksichtigen", schreibt mir der Verkehrsverbund Großraum Nürnberg.[1]

Immerhin verspricht der Bayerische Landtag, dass „zur Verkürzung der Fahrzeiten zwischen Nürnberg und Simmelsdorf-Hüttenbach (...) die Anschlüsse in Neunkirchen (...) erheblich verkürzt" werden.[2] Die Deutsche Bahn AG nennt konkrete Zugzahlen: „Auf der Nebenbahn wird sich montags bis freitags das Zugangebot von 31 auf vsl. 36 Züge erhöhen. Am Wochenende sind neu 34 Züge vorgesehen."[3]

Sie prophezeit Verbesserungen, die wenige Wochen später nicht mehr in ihrer Verantwortung liegen. Denn am Neujahrstag des Jahres 1996 tritt die zweite Stufe der Bahnreform in Kraft: Die Regionalisierung des Nah-

---

Regionalisierung

Mit der Regionalisierung geht am 1. Januar 1996 die Verantwortung für den Regional- und S-Bahn-Verkehr vom Bund auf die Bundesländer über. Der Freistaat Bayern hat dazu die Bayerische Eisenbahngesellschaft mbH (BEG) mit Sitz in München gegründet. Die BEG betreibt selbst keine Strecken oder Züge, sondern entscheidet, auf welchen Strecken, wann und wie viele Regionalzüge fahren. Sie bestimmt, welches Unternehmen die Regionalzüge fährt und kann damit auch nichtbundeseigene Eisenbahnen (*Privatbahnen*) beauftragen. Schienenwege und Stationen muss der Zugbetreiber gegen eine Art Maut bei der Deutschen Bahn AG mieten. Der Zugbetreiber behält die kompletten Einnahmen aus dem Fahrkartenverkauf und bekommt von der Bayerischen Eisenbahngesellschaft einen steuerfinanzierten Zuschuss.

Der Wettbewerb soll helfen, den Zuschussbedarf zu reduzieren und das Zugangebot zu verbessern. So ist zumindest der Plan. Im Jahr 1996 und in den Folgejahren hat der große rote DB-Konzern bei Fahrzeugen, Personal und Werkstätten ein Monopol. Alternative leistungsfähige Eisenbahnverkehrsunternehmen gibt es 1996 kaum. Die Bayerische Eisenbahngesellschaft muss mit der Deutschen Bahn AG zunächst einen großen Verkehrsvertrag zu Monopolpreisen abschließen.

---

verkehrs. Nicht mehr die Deutsche Bahn AG, sondern die Bundesländer entscheiden fortan darüber, auf welchen Strecken, wann und wie viele Regionalzüge fahren.

Nahezu zeitgleich liefert im Februar 1996 ein Artikel der *Nürnberger Nachrichten* unter der Überschrift „Der Fahrplan kommt" erste Hinweise darauf, dass die angekündigten Verbesserungen nicht umgesetzt werden: „Das bayerische Wirtschafts- und Verkehrsministerium und die Bahn AG sind davon überzeugt, einen ‚neuen und stark verbesserten Fahrplan' für den Regionalverkehr rechtzeitig zum 2. Juni auf die Gleise stellen zu können. (…) Bahnintern herrscht gleichwohl weiter Verstimmung darüber, daß der Freistaat realistische – also bezahlbare – Bestellungen erst sehr spät konkret gemacht habe. So sei beispielsweise auf den mittelfränkischen Regionalstrecken (wie Fürth–Cadolzburg, Siegelsdorf–Markt Erlbach und Neunkirchen am Sand–Simmelsdorf) vor allem an den Wochenenden erst ‚eine erstaunlich hohe Zugdichte' bestellt, später jedoch ein viel Planungsaufwand erfordernder Rückzieher gemacht worden."

Mehr Klarheit bringt ein weiterer Artikel der *Pegnitz-Zeitung*: „Künftig fahren nun wieder auch an Samstagen und Sonntagen Züge im Zwei-Stunden-Takt von Neunkirchen über Schnaittach nach Simmelsdorf. Unter der Woche verkehren auf der Strecke insgesamt 32 Züge, am Wochenende 14. (…) Ein Wunsch vor allem junger Bahnbenutzer aber wurde nicht erfüllt: Der letzte Zug nach Simmelsdorf fährt weiter um

> *„scheiterte an der Finanzierung"*
> Pegnitz-Zeitung, 30. März 1996
> zur Streichung der Spätverbindungen

19.29 Uhr ab Neunkirchen. Der Plan der Bahn, einen Zug um halb zehn und einen um halb zwölf noch ins Oberland fahren zu lassen, scheiterte an der Finanzierung durch den Freistaat."[4]

Ich bin darüber sehr enttäuscht und verärgert über die dennoch positive Darstellung durch die Presse. Ich überlege erstmals, einen Verein zu gründen, um Aktionen und Vorschläge zu bündeln und mich gemeinsam mit vielen Gleichgesinnten für den Erhalt und die Modernisierung der Schnaittachtalbahn einzusetzen. Doch es sollte noch schlimmer kommen.

Der brisante Brief

Am 29. April 1996 schreibt mir Bernd einen brisanten Brief, der nicht nur die Richtigkeit der Zeitungsmeldungen bestätigt, sondern weitere Einschnitte ankündigt:

„Es zeichnet sich leider immer mehr ab, daß der Fahrplan 96/97 für unsere Strecke eine Farce wird.

Als ich vor vier Wochen über verschiedene Gerüchte hörte, daß der Frühzug RB 8604 für die Arbeiter (Simmelsdorf 5.43; Neunkirchen a.S. an 6.00 Uhr, mit Anschluß um 6.29 Uhr in Nürnberg) und somit die einzige verbliebene Kreuzung gestrichen wird, wurde mir der Sinn dieser Aktion sofort bewußt – der Abbau des Kreuzungsgleises in Schnaittach. Über Karin Dobbert, die ja jetzt für uns Bündnisgrüne im Gemeinderat sitzt, haben wir offiziell bei Bürgermeister Hähnlein angefragt, ob er über den eventuellen Abbau des Gleises informiert wäre. (...) Am letzten Samstag (...) setzte ich mich noch mit der Karin in Verbindung, die mittlerweile eine Antwort von Bgm. Hähnlein bekommen hatte (siehe Kopie). Leider mit der ernüchternden Wahrheit, da sich meine Befürchtungen bestätigen. Das Überholgleis soll zusammen mit dem Ladegleis entfernt werden. Aus dem Stil des Briefes muß man leider schließen, daß Bgm. Hähnlein keinen Handlungsbedarf sieht. (...)

Das Fazit also: Wochentags (Mo-Fr) verschlechtert sich der Verkehr noch. Außer einem zusätzlichen Abendzug Simmelsdorf-Neunkirchen (...) ist der Wegfall des wichtigen 8604 zu beklagen. Einziger wirklicher positiver Punkt ist die Einführung des Wochenendverkehrs, der gegenüber dem ersten Entwurf im letzten Jahr auf einen laschen 2-Stundentakt gekürzt ist.

Aber in meinen Augen das Schlimmste ist der geplante Abbau des Überholgleises in Schnaittach, was eine später mögliche Erhöhung des Zugverkehrs von vornherein verhindert. Außerdem brauchen wir dann auf eine Reaktivierung des Güterverkehrs überhaupt nicht mehr zu hoffen.

Wir versuchen jetzt auf allen Ebenen dieses Vorhaben zu verhindern. Wir müssen den GB Netz daran hindern, daß er in wilden Aktionismus verfällt und vollendete Tatsachen schafft. Für den

Erhalt des 8604 zum Fahrplan 96/97 sehe ich überhaupt keine Chance. Unsere einzige Chance ist der Erhalt des Überholgleises, um eine Option für die Wiedereinführung des Zuges zum Fahrplan 97/98 zu haben. (...)

Ich habe die Hoffnung zwar noch nicht ganz aufgegeben, daß wir etwas erreichen, aber sehr optimistisch bin ich auch nicht.

Vielleicht sollten wir wirklich die von Dir vorgeschlagene Bürgerinitiative gründen. Mit diesem Gedanken habe ich vor Jahren schon einmal gespielt, aber er ist dann irgendwie im Sande verlaufen.

Für unser jetziges Problem wird es aber zuviel kostbare Zeit kosten (nur noch ein Monat bis Fahrplanwechsel), um diese Initiative zu organisieren. Wir müssen jetzt aber sofort reagieren, um den Abbau zu verhindern und können uns erst danach Gedanken über weitere Schritte machen."

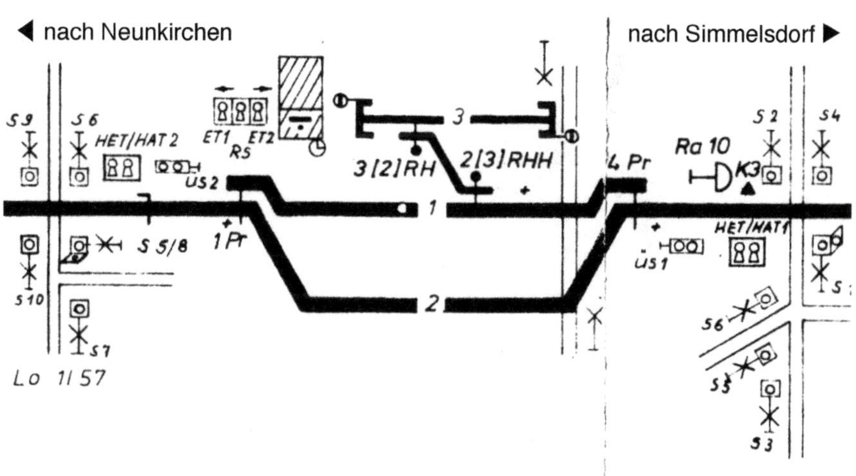

Der Bahnhof von Schnaittach: Das Ladegleis (Gleis 3) und das Ausweichgleis (Gleis 1) sollen abgebaut werden. Nur Gleis 2 soll bleiben.

Salami-Taktik

Beigefügt sind die Fahrplanentwürfe sowie der Brief von Schnaittachs Bürgermeister Hähnlein an Gemeinderätin Karin Dobbert:

> *„Die Form der künftigen Bedienung dieser Strecke erfordert keine zwei Gleisanlagen im Bahnhofsbereich von Schnaittach. Aus diesem Grunde werden das vordere Gleis und die Weichenanlagen abgebaut. Da kein Begegnungsverkehr stattfindet, wird nur noch das hintere Gleis betrieben. Abgebaut soll auch das Ladegleis werden, da der Gütertransport auf dieser Nebenstrecke bereits seit einiger Zeit eingestellt ist.*
>
> *Nach Aussagen der Deutschen Bahn AG und der damit in Verbindung stehenden Bayerischen Eisenbahngesellschaft (...) ergeben sich aus den geplanten Maßnahmen keine Nachteile für die künftige Personenbeförderung auf diesem Streckenabschnitt.“*[5]

Die Maßnahmen sind typisch für die Bundesbahnzeit. Kaum ist der letzte Zug abgefahren, werden die Gleise abgebaut und auf den aktuell gefahrenen Fahrplan zurechtgestutzt. Anschließend wird das Ganze als Rationalisierungsmaßnahme schöngeredet, die dazu dient, die Wirtschaftlichkeit zu steigern und die Strecke damit in ihrem Erhalt zu sichern. Unter Eisenbahnfreunden ist der scheibchenweise Rückzug der Eisenbahn aus der Fläche unter dem Begriff Salami-Taktik bekannt.

Keine revolutionäre Entwicklung: Am 31. Mai 1996 kreuzen zum letzten Mal zwei Züge in Schnaittach, damit die Ausweichstelle eingespart werden kann.

Foto: Bernd J. Loos

Eine revolutionäre Entwicklung

Das Bayerische Staatsministerium und die Deutsche Bahn verbreiten im Mai 1996 eine Euphorie, die zunächst auch von den Medien mit Überschriften wie „Bahn wird attraktiver" und „Bahn verspricht die ‚Revolution' für Kunden" relativ unkritisch aufgenommen wird. Die *Nürnberger Nachrichten* berichten über einen Vortrag von Klaus Daubertshäuser, im Vorstand der Deutschen Bahn AG für den Nahverkehr zuständig, auf einer Bezirkskonferenz der Gewerkschaft der Eisenbahner Deutschlands

„… daß sein Unternehmen in den nächsten Jahren ‚eine revolutionäre Entwicklung' durchmachen werde. Aus der alten Reichs- und Bundesbahn werde ein Unternehmen gemacht, das sich ‚absolut dem Dienst am Kunden verschreiben wird'. Daubertshäuser und Bayerns ranghöchster politischer Eisenbahner, der leitende Ministerialrat Dieter Wellner aus dem Wirtschafts- und Verkehrsministerium, forderten vehement eine ‚Verkehrswende', die dem Schienenverkehr seine eigentliche Bedeutung zurückgebe. (…) Die Schiene (…) müsse zu ‚einer vollwertigen Alternative zum Individualverkehr' gemacht werden." (…)[6]

Tatsächlich herrscht um 1996 deutschlandweit eine Aufbruchsstimmung für den Schienenverkehr im ländlichen Raum. Einige Bundesländer modernisieren regionale Eisenbahnstrecken und nehmen stillgelegte Strecken wieder in Betrieb. Die Industrie entwickelt eine neue Generation von sogenannten Leichttriebwagen: kleine und spurtstarke Fahrzeuge sollen die großen und schweren Bundesbahn-Züge ersetzen, um bei vielen Haltestellen kurze Fahrzeiten zu erreichen. Indem Standardkomponenten wie Motor, Getriebe und Sitze aus dem Bus- und Lastwagenbau übernommen werden, sollen Herstellungskosten gesenkt werden. Die neuen Triebwagen sind niederflurig, so dass Fahrgäste bei passender Bahnsteighöhe stufenlos einsteigen können – ein Standard, der im Jahr 1996 nur bei U- und S-Bahnen üblich ist. Weiter können sie einmännig, also durch den Lokführer allein, gefahren werden. Ein Schaffner mit Trillerpfeife und Abfahrtskelle ist zur Abfertigung nicht mehr erforderlich.

Revolte statt Revolution

Nur im Schnaittachtal scheint die „revolutionäre Entwicklung" nicht angekommen zu sein. Denn da ist noch eine Sache, die besser werden sollte. In den Anzeigen der Kampagne *Bayern-Takt* heißt es wörtlich: „Bessere Anschlüsse und aufeinander abgestimmte Fahrpläne machen das Zugfahren um einiges leichter."

„Für Pendler und Schüler aus dem Schnaittachtal, die Richtung Hersbruck fahren, ist das Gegenteil eingetreten", widerspricht Bahnfahrer Klaus Fleischmann: „In Neunkirchen am Sand beträgt die Wartezeit auf den Anschlußzug nach Hersbruck vormittags bei drei von fünf Zügen jeweils 56 Minuten. Wer ab 12.00 Uhr von Hersbruck ins Schnaittachtal will, muß bei sieben von zwölf Fahrten wieder jeweils 56 Minuten warten. (...) Wer immer es einrichten kann, wird wieder mit dem Auto fahren."[7]

Die Stimmung kippt

Die wohlklingende Ankündigung des Bayerischen Staatsministeriums und der Deutschen Bahn, dass „die Anschlüsse von / nach der Nebenbahn von und nach Nürnberg ausgerichtet werden" und „sich die Gesamtreisezeiten von und nach Nürnberg vsl. erheblich verkürzen",[3] wurde ganz einfach realisiert: Der Anschluss in die andere Richtung wurde gekappt. Wer in Richtung Hersbruck und Neuhaus umsteigen will, sieht jetzt allenfalls noch die Schlusslichter des Zuges. Etwa jeder fünfte Fahrgast ist von dieser Verschlechterung betroffen.

Die im Vorfeld so hochgepriesenen Verbesserungen zur Einführung des Bayern-Taktes bleiben also zum größten Teil aus:

1. Die versprochenen Abendverbindungen bis Mitternacht werden nicht eingeführt. Der letzte Zug verlässt um 19:29 Uhr Neunkirchen am Sand Richtung Simmelsdorf.

2. Der Wochenendverkehr wird nur im 2-Stunden-Takt statt wie versprochen im 1-Stunden-Takt wieder aufgenommen.

3. Ein gut besetzter Pendlerzug wird aus „technischen Gründen" (Einsparung des Kreuzungsbahnhofes Schnaittach) ersatzlos gestrichen.

4. Die Anschlüsse ins obere Pegnitztal (Hersbruck, Neuhaus) werden teilweise gekappt. Beim Umsteigen im Stundentakt entstehen Wartezeiten von 56 Minuten.

5. Es gibt keine ganztags gleichbleibenden, leicht merkbaren Taktfahrzeiten, die den Namen Bayern-„Takt" rechtfertigen.

Die Stimmung kippt. Den Pendlern stößt vor allem die ersatzlose Streichung des gut besetzten 8604 sauer auf. Der um 5:43 Uhr in Simmelsdorf abfahrende Zug ist die einzige Möglichkeit für Berufstätige, vor sieben Uhr mit dem Zug in Nürnberg zu sein, ohne ihre Wohnung vor fünf Uhr verlassen zu müssen.

Eine eklatante Zumutung

Zwei Bahnpendler, die Kreisrätin Gunda Thiel und Heinz Richter aus Schnaittach, beginnen über 1.000 Unterschriften zu sammeln:

> *„Die nachstehend Unterzeichneten wenden sich gegen die Absicht der Deutschen Bahn AG, im Bahnhof Schnaittach Markt alle vorhandenen Gleisanlagen mit Ausnahme eines einzigen Durchfahrtsgleises abzubauen. Wir empfinden es als nicht hinnehmbar, daß auf diese Weise eine dichtere Zugfolge als im 1-Stunden-Takt für immer unmöglich gemacht würde."*

Betroffene Bahnbenutzer schreiben einen Beschwerdebrief an die Deutsche Bahn und wenden sich mit der Bitte um Unterstützung der Forderungen an Herrn Landrat Reich sowie an den SPD-Landtagsabgeordneten Dr. Helmut Ritzer. Letzterer schreibt an den Bayerischen Staatsminister für Wirtschaft, Verkehr und Technologie, Dr. Otto Wiesheu. In seinem Brief führt Herr Dr. Ritzer aus, dass beim Geschäftsbereich Nahverkehr der Deutschen Bahn durchaus eine Korrekturmöglichkeit für den Herbstfahrplan gesehen werde, der zum 29. September in Kraft tritt. Deshalb sei es wichtig, dass sich auch der Minister nachhaltig für den Erhalt der Strecke einsetze. Ansonsten müsse man befürchten, dass die Neigung zum Benutzen des eigenen Autos wieder zunehmen werde, „denn für Arbeitnehmer mit Arbeitsbeginn 7 Uhr in Nürnberg ist der verbleibende Zug um 5.11 Uhr wirklich eine Zumutung".[8]

„Pendler sind sauer auf neuen Fahrplan"
Pegnitz-Zeitung, 8. Juni 1996

Die Berichterstattung in den lokalen Zeitungen ändert sich schlagartig: „Fahrplanwechsel bringt Einbuße", „Pendler sind sauer auf den neuen Fahrplan" und „Kann Ausweichgleis bleiben?" lauten nun die Schlagzeilen.

Herr Landrat Reich schreibt ebenfalls an die Deutsche Bahn sowie Staatsminister Wiesheu und bittet darum, dass der Rückbau der Gleisanlagen gestoppt und der morgendliche Pendlerzug wieder angeboten wird. Durch Vermittlung mit dem CSU-Landtagsabgeordneten Kurt Eckstein gelingt es Herrn Landrat Reich (Freie Wähler), einen persönlichen Termin bei Herrn Staatsminister Dr. Wiesheu (CSU) in München zu bekommen. Zusammen mit den Bürgermeistern Roland Goldhammer aus

Neunkirchen und Andreas Kögel aus Simmelsdorf tragen sie dem Minister und Herrn Dr. Scheder, Geschäftsführer der Bayerischen Eisenbahngesellschaft, die Argumente für den Erhalt des Ausweichgleises in Schnaittach vor. Sie bitten darum, den morgendlichen Pendlerzug ab dem Herbstfahrplan wieder einzuführen. Sie erinnern den Minister an sein Statement vom 7. Mai 1996 anlässlich der Pressekonferenz im Regierungsbezirk Mittelfranken, wonach unter anderem die Errichtung von Ausweichgleisen bei eingleisigen Strecken die wichtigsten Vorhaben sind. Die Pläne für die Regionalbahnstrecke nach Simmelsdorf würden dem jedoch eklatant zuwiderlaufen. Bürgermeister Kögel übergibt bei dem Termin die Mappe mit den gesammelten über 1.000 Unterschriften. Minister und Mitarbeiter zeigen sich beeindruckt von den Argumenten der Gesprächspartner aus dem Nürnberger Land.[9]

> ## *„Kann Ausweichgleis bleiben?"*
> *Pegnitz-Zeitung*, 15. Juni 1996

Ein krasser Besuch

Zweimal trifft sich Anfang Mai 1996 eine lose Gruppierung aus überparteilichen Bürgerinnen und Bürgern der drei Gemeinden Neunkirchen, Schnaittach und Simmelsdorf, Heimatvereinen, Bund Naturschutz sowie Mitgliedern der Parteien CSU, Freie Wähler, SPD, Frauen auch im Rat (FAIR) und Bündnis 90/Die Grünen, die in der Öffentlichkeit als „Interessengemeinschaft Schnaittachtalbahn" auftritt.

Am 23. Mai 1996 findet eine öffentliche Diskussionsrunde in Schnaittach statt. Für die Deutsche Bahn AG ist Herr Graßer anwesend, verantwortlich für die Fahrplangestaltung auf der Strecke Neunkirchen – Simmelsdorf. Herr Graßer erzählt, dass der Wegfall des Zuges und der beabsichtigte Abbau des Kreuzungsgleises in Schnaittach bei der Vorstellung des Integralen Taktfahrplans am 29. August 1995 in Ansbach erwähnt wurde und dort ohne Widerspruch blieb. Er gibt sich insgesamt sehr selbstsicher und stellt die Deutsche Bahn AG insbesondere mit Blick auf die Bayerische Eisenbahngesellschaft als deren Auftraggeber als alleinig kompetent dar. Die DB werde sich, so Herr Graßer, auch von Gesprächen auf politischer Ebene von ihrem Vorhaben nicht abbringen lassen.

Zur Verdeutlichung seiner Aussage erwähnt Herr Graßer den Fall der stillgelegten Strecke von Nürnberg nach Großhabersdorf, die bereits 14 Tage nach der letzten Zugfahrt abgebaut wurde, nachdem von dritter Seite Interesse am Erhalt des Bahnkörpers bekundet worden war. Auf die Frage nach einem konkreten Ansprechpartner in Sachen Gleiserhaltung antwortet er: „Das Kreuzungsgleis in Schnaittach ist nicht wichtig. Sie setzen hier auf die falsche Sache und je mehr Sie sich dafür einsetzen, desto eher ist es weg."

> *"Je mehr Sie sich dafür einsetzen, desto eher ist es weg."*
> Herr Graßer, Deutsche Bahn AG,
> zum Kreuzungsgleis in Schnaittach

Auch ohne teure Signaltechnik wäre ein Zweizugbetrieb möglich: Am 14. April 2007 zeigt das Signal in Neunkirchen „Ausfahrt frei" und ein „S" für Simmelsdorf.

Die Millionen-Lüge

In einem Brief wendet sich die heimische Bundestagsabgeordnete Verena Wohlleben an den in Bayern zuständigen Beauftragten der Deutschen Bahn AG, Dr.-Ing. Horst Weigelt, und bittet ihn um Beibehaltung des Frühzuges. Lange erhält sie keine Antwort. Erst nach einer Anmahnung geht folgendes Schreiben bei ihr ein:

> *„Durch die 3. Novellierung der Eisenbahn-Bau- und Betriebsord-*
> *nung (EBO) im Mai 1991 wäre der Geschäftsbereich Netz der DB*

AG gezwungen gewesen, wegen einer einzigen Zugkreuzung pro Werktag unter Beibehaltung des Kreuzungsbahnhofs Schnaittach extrem teure Signalanlagen für einen ‚Signalisierten Zugleit-Betrieb' (SZB) einzubauen, die nach der neuen Gesetzeslage bereits Ende 1995 hätten vorhanden sein müssen.

Nur durch eine einmalige Ausnahmegenehmigung des Eisenbahn-Bundesamtes (EBA), befristet bis 31. Dezember 1996, konnte dieser hohe Investitionsaufwand von circa 2,5 Millionen Mark bisher vermieden werden. Der Verzicht auf die oben genannte Zugleistung bringt daher eine erhebliche Einsparung öffentlicher Mittel zugunsten der Allgemeinheit und dient auch der langfristigen Erhaltung der Nebenstrecke.

> *„Der Verzicht auf die (…) Zugleistung (…) dient auch der langfristigen Erhaltung der Nebenstrecke."*
> Dr.-Ing. Horst Weigelt, Deutsche Bahn AG

Dies wurde bei der Vorstellung des Fahrplans 1996/97 in der Regionalkonferenz am 29. August 1995 in Ansbach auch von den Vertretern des Bayerischen Staatsministeriums für Wirtschaft, Verkehr und Technologie anerkannt, ferner durch Staatsminister Wiesheu bei der Pressekonferenz am 7. Mai 1996 in Nürnberg. Der Ersatz durch eine Busfahrt fand Zustimmung."

Was so nicht stimmt. Nur aufgrund der Proteste setzt das Landratsamt Nürnberger Land auf eigene Kosten einen Ersatzbus in der Zeitlage des gestrichenen Zuges ein. Er soll eine Übergangslösung sein, bis der gestrichene Zug wieder fährt.

„Durch den Wegfall der einzigen Kreuzung pro Tag kann nun auf der Strecke als technisches Konzept für die Zugfolgesicherung die wesentlich kostengünstigere Variante ‚Stichstreckenblock' vorgesehen werden (etwa 100.000 Mark). Die hohen Anforderungen an die Betriebssicherheit einerseits und der Zwang der DB AG andererseits, als Wirtschaftsunternehmen ihren Betrieb nach eigenwirtschaftlichen Gesichtspunkten zu führen, zwingen zu derartigen Lösungen."[10]

Es geht ohne Millionen

Die Schnaittachtalbahn wird im Zugleitbetrieb betrieben. Es gibt keine Hauptsignale, sondern der Zugverkehr wird durch eine Art Dispatcher, den Zugleiter, geregelt. Dieser sitzt im Stellwerk des Bahnhofs Hersbruck rechts der Pegnitz. Von dort steuert er als Fahrdienstleiter auch die Weichen und Signale im Bahnhof Neunkirchen am Sand.

Jeder Zug auf der Schnaittachtalbahn benötigt eine Fahr-Erlaubnis des Zugleiters, die telefonisch vom Zugpersonal mit einer sogenannten Fahranfrage eingeholt wird. Bis zu welchem Bahnhof der Zugleiter die Fahrerlaubnis erteilt, richtet sich nach dem Fahrplan. Bei Abweichungen vom Fahrplan entscheidet der Zugleiter. Der Zugleitbetrieb zwischen Neunkirchen und Simmelsdorf wird bis 1996 ohne technische Sicherung durchgeführt. Für die Sicherheit der Zugfahrten ist alleine das Zusammenspiel des Betriebspersonals und die genaue Befolgung von Meldungen und Erlaubnissen ausschlaggebend.

Die Weichen im Bahnhof Schnaittach werden bei einer Zugkreuzung vom zuerst einfahrenden Zug vom Zugpersonal von einem kleinen Stellwerk im Bahnhofsgebäude von Hand mittels Drahtzug gestellt. Die Kommunikation erfolgt mit einem bahninternen Festnetztelefon über eine Telegrafenleitung entlang der Strecke. Eine veraltete Technik, die jedoch funktioniert und ausreichend ist, um einmal täglich zwei Züge auf der eingleisigen Strecke kreuzen zu lassen.

Im April 1997 ist das mechanische Stellwerk in Schnaittach schon außer Betrieb. Vandalismus macht sich breit.

Eine seltsame Beobachtung

Seltsamerweise stellen wir fest, dass auf anderen Nebenbahnen in Franken weiterhin Zugkreuzungen ohne teure Signaltechnik stattfinden, so auf den Strecken nach Rothenburg ob der Tauber, Bad Windsheim, Markt Erlbach und Gräfenberg. Wir finden heraus, dass die Eisenbahn Bau- und Betriebsordnung nicht zwingend den Einbau teurer Signaltechnik vorschreibt. Sie fordert für Strecken ohne Signaltechnik aus Sicherheitsgründen lediglich die Nachrüstung mit Zugfunk, die in der Tat bis Ende 1995 hätte erfolgen sollen.

Wir informieren uns bei Herstellerunternehmen über die Kosten. Nach großzügiger Schätzung der Firma Bosch kostet eine Funkausrüstung für die Strecke 60.000 bis 120.000 Mark, also einen Bruchteil der von der Bahn für eine Signalanlage veranschlagten 2,5 Millionen Mark. In den Fahrzeugen sind die erforderlichen Geräte bereits vorhanden. Diese technische Möglichkeit erwähnt die Bahn in keiner ihrer Stellungnahmen.

Die Schnaittachtalbahn wird dagegen seit Juni 1996 mit einem Stichstreckenblock betrieben, der nur noch einen einfachen Pendelverkehr ermöglicht. Dabei zählt eine technische Einrichtung am Gleis, wie viele Achsen den Bahnhof Neunkirchen in Richtung Simmelsdorf verlassen. Erst wenn der Zug wieder vollständig in Neunkirchen eingetroffen ist, kann der Fahrdienstleiter das Signal Richtung Simmelsdorf wieder auf Fahrt stellen. Nur noch ein einfacher Pendelverkehr mit einer festen Zugkomposition ist möglich. Güterzüge, Sonderfahrten und Mehrzugbetrieb sind nahezu ausgeschlossen.

> *„Keine Investitionen in Millionenhöhe erforderlich"*
> Frank Beckmann, IG Schnaittachtalbahn e.V.

„Um den Bedürfnissen der Bevölkerung gerecht zu werden, sind keine Investitionen in Millionenhöhe erforderlich, durch die Dr. Weigelt (...) den Bestand der Strecke gefährdet sieht. Die Strecke ist in ihrem Bestand aber gefährdet, wenn durch unflexible Taktzeiten im Berufsverkehr immer mehr Bahnbenutzer zum Umsteigen auf das Auto gezwungen werden", argumentiert Frank Beckmann von der Interessengemeinschaft Schnaittachtalbahn in einem Leserbrief der *Pegnitz-Zeitung*.[11]

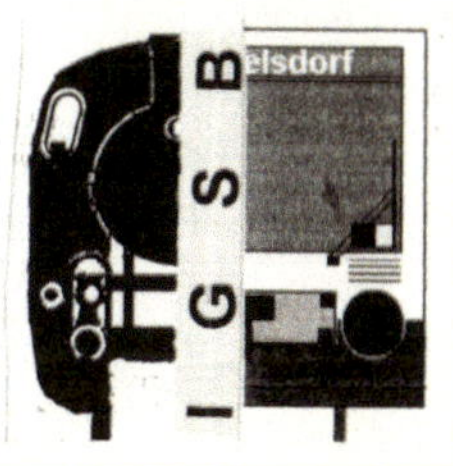

Das Vereinslogo soll historische und moderne Elemente der Schnaittachtalbahn sowie die Abkürzung IGSB enthalten. Der groß abgebildete Entwurf gewinnt.

Der Widerstand formiert sich

Der Rückbau der Bahnhöfe Schnaittach und Simmelsdorf auf ein einziges Gleis unterbleibt zunächst. Bei einer weiteren Versammlung der Interessengemeinschaft Schnaittachtalbahn Anfang Juni 1996 entscheiden wir, die bisherige zwanglos organisierte Bewegung in einen gemeinnützigen eingetragenen Verein umzuwandeln. Der Name Interessengemeinschaft Schnaittachtalbahn mit der Abkürzung IGSB soll beibehalten werden.

Ziel ist es, die Nebenbahnstrecke zwischen Neunkirchen am Sand und Simmelsdorf zu erhalten, zu optimieren und attraktiv zu gestalten.

Am 25. Juni 1996 findet im Schaffer Bräustüberl in Schnaittach die offizielle Vereinsgründung statt. Ich stelle die möglichen Ziele des Vereins vor und die von mir entworfene Satzung wird als Vereinssatzung anerkannt. Aus der anschließend stattfindenden Vorstandswahl gehen Frank Beckmann als Vorsitzender, Reimar Wazlav und Bernd Loos als Stellvertreter, Jürgen Sommerer als Schriftführer, Heinz Richter als Schatzmeister sowie Gunda Thiel, Gabriela Kühne, Markus Fromme und Kai Beckmann als Beisitzerinnen und Beisitzer hervor. Da ich mit 15 Jahren noch nicht volljährig bin, übernehme ich keinen Vorstandsposten, sondern unterstütze den Verein als aktives Mitglied im Hintergrund. Im weiteren Verlauf des Abends beschließen wir, ein Zukunftskonzept für die Schnaittachtalbahn zu erstellen. In einer öffentlichen Veranstaltung, zu der auch Vertreter der Deutschen Bahn AG und Politik eingeladen werden, soll es vorgestellt werden.

Strikte Ablehnung

Weiter wollen wir uns für den Erhalt des Kreuzungsgleises und die Wiedereinführung des gestrichenen Pendlerzuges einsetzen. Dazu schreibt Herr Landrat Reich an die Kreisrätin Gunda Thiel, dass die Bayerische Eisenbahngesellschaft (BEG) die Fahrt von Simmelsdorf nach Neunkirchen mit Abfahrt gegen 5:45 Uhr bei der Deutschen Bahn bestellt hat, diese jedoch die Erbringung der Verkehrsleistung strikt ablehnt. „Zusätzliche Verhandlungen der BEG mit übergeordneten Stellen des Geschäftsbereiches Nahverkehr der DB AG blieben erfolglos."[12]

Aufgrund unserer Eingabe an den Bayerischen Landtag schreibt Staatssekretär Hans Spitzner an Johann Böhm, Präsident des Bayerischen Landtags:

„Unbeschadet dessen sind das Staatsministerium für Wirtschaft, Verkehr und Technologie sowie die Bayerische Eisenbahngesellschaft in Verhandlungen mit der DB AG darum bemüht, daß seitens der DB AG Rückbaumaßnahmen im Bahnhof Schnaittach unterbleiben und die Nebenbahnstrecke mit Zugfunk ausgerüstet wird, damit Zugkreuzungen wieder durchgeführt werden können

und das Angebot im Schienenpersonennahverkehr verbessert werden kann.“[13]

Klar ist jedoch auch, dass die versprochene Wiedereinführung im Herbst 1996 nicht kommen wird, wie wir aus dem Anhang in einem Zitat von Mitberichterstatter Hoderlein vernehmen können:

„Kurzfristig lasse sich dem nicht mehr nachkommen, weil der Winterfahrplan gerade in Kraft getreten sei.“ (…) „Damit sei klar, daß dem Anliegen frühestens im nächsten Frühjahr Rechnung getragen werden könne.“

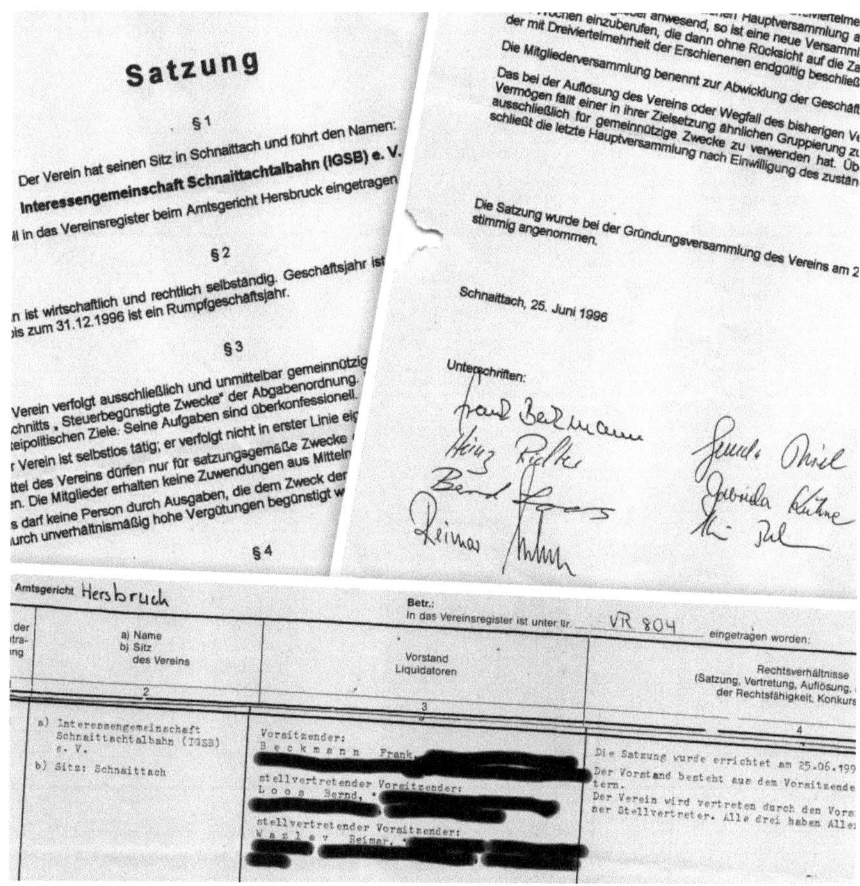

Die Satzung mit den Unterschriften der sieben Gründungsmitglieder und der Eintrag im Vereinsregister.

Gleisrückbau in Simmelsdorf am 20. Juli 2012: Die Genehmigung beantragte die DB Netz AG erst drei Jahre später rückwirkend beim Eisenbahn-Bundesamt.

Illegaler Gleisrückbau

Im Frühjahr 1997 bringt Albert Schmidt, Bundestagsabgeordneter und bahnpolitischer Sprecher von Bündnis 90/Die Grünen, bahninterne Informationen ans Licht, die für Verunsicherung in der Öffentlichkeit sorgen. Demnach erwägt die Deutsche Bahn AG 12.000 ihres 40.000 Kilometer langen Netzes nicht mehr zu betreiben. Nach einem Gutachten, das sämtliche Schienenwege einer Kosten-Nutzen-Rechnung unterzieht, stehen alleine in Bayern 1.600 Kilometer Nebenbahnen und damit ein Viertel des Bahnnetzes vor dem Aus. Strecken, auf denen weniger als zehn Züge pro Tag fahren, sollen möglichst schnell „abgestoßen" oder stillgelegt werden. Strecken, die auf Dauer nicht rentabel erscheinen, sollen einer „Streckenmanagementuntersuchung" unterzogen werden. Auf der Liste steht auch Neunkirchen–Simmelsdorf. Gleichzeitig hat die Deutsche Bahn AG den Geschäftsbereich Netz angewiesen, dass auf Strecken, die nicht zum „langfristig gesicherten Bestand" gehören, „investive und instandhaltende Maßnahmen" hier „restriktiv zu handhaben" seien. „Sie werden also dem Verfall preisgegeben", folgert Albert Schmidt.[14] Die Deutsche Bahn AG bestätigt die Existenz solcher Rentabilitätsberechnungen, bestreitet jedoch, dass daraus unmittelbare Schlüsse wie Stilllegungsbestrebungen gezogen werden können. Die Untersuchungen seien von Bundesverkehrsminister Wissmann (CDU) direkt veranlasst worden, weil diesem die Netz-Betriebskosten des Bundesunternehmens Deutsche Bahn AG mit jährlich drei Milliarden Mark zu hoch seien. Bayerns Verkehrsminister Otto Wiesheu (CSU) bezeichnet die Meldung als „unverantwortlich" und betont: „Im Zuge der Regionalisierung und der damit verbundenen Einführung des Bayerntakts hat der Freistaat gerade auf diesen Strecken das Angebot deutlich ausgeweitet." Damit stiegen Einnahmen und Wirtschaftlichkeit. „Eine Stilllegung wäre nicht nachvollziehbar, ohne Einverständnis der Staatsregierung würde dies eine Vertragsverletzung darstellen."[15]

> ## „Unverantwortlich"
> Staatsminister Otto Wiesheu zu den Plänen der Deutschen Bahn AG

Genehmigung erforderlich?

Das *Allgemeine Eisenbahngesetz* schreibt vor, dass „die dauernde Einstellung (...) eines für die Betriebsabwicklung wichtigen Bahnhofs oder die deutliche Verringerung der Kapazität einer Strecke" von der zuständigen Aufsichtsbehörde genehmigt werden muss. Die zuständige Aufsichtsbehörde ist das Eisenbahn-Bundesamt. Aus unserer Sicht entsteht durch den Rückbau des Schnaittacher Bahnhofs eine „deutliche Verringerung der Kapazität einer Strecke", da die Züge wegen fehlender Begegnungsmöglichkeit maximal stündlich statt halbstündlich fahren können. Durch den Gleisrückbau an der Endstation in Simmelsdorf können auf der Strecke dauerhaft nur noch Triebwagen oder Wendezüge eingesetzt werden.

Zugbetreiber können entlang der gesamten Strecke keine Fahrzeuge mehr abstellen oder Güterwagen be- und entladen. Nur noch ein einfacher Pendelverkehr ist möglich. Wir schalten einen Rechtsanwalt ein und lassen die Sache prüfen.

Wäre eine Genehmigung für den Gleisrückbau erforderlich, müsste die DB Netz AG gegenüber dem Eisenbahn-Bundesamt nachweisen, dass ihr der Betrieb der Infrastruktureinrichtung nicht mehr zugemutet werden kann und Übernahmeverhandlungen mit „Dritten" erfolglos geblieben sind. Vom Gesetzgeber scheint also gewollt zu sein, dass die Gleise erhalten werden müssen, wenn es Interessenten gibt. Erst wenn die DB Netz AG diese beiden Schritte durchlaufen hat, entscheidet das Eisenbahn-Bundesamt „unter Berücksichtigung verkehrlicher und wirtschaftlicher Kriterien" über den Stilllegungsantrag.

Eine höchst befremdliche Entwicklung

Die DB Netz AG interessiert dies jedoch nicht: Am 4. April 1997 rückt ein Bautrupp in Simmelsdorf mit Schweißbrennern an, um vollendete Tatsachen zu schaffen. Arbeiter zerteilen das Lade- und Ausweichgleis in circa zehn Meter lange Stücke, um die Gleise für den Abbau und Abtransport vorzubereiten. Eine Woche später reißt ein Bagger in Schnaittach das Ladegleis heraus. Die Arbeiten in Simmelsdorf werden zufällig von mir entdeckt und können durch eine sofortige Meldung an das Landratsamt gestoppt werden. Herr Landrat Reich wendet sich mit einem Brief an Staatsminister Dr. Wiesheu. Die Angelegenheit habe eine „höchst befremdliche Entwicklung" genommen, denn vom beginnenden

„Nacht- und Nebel-Aktion in Wildwest-Manier"
Pegnitz-Zeitung, 10. April 1997

Rückbau im Bahnhof Simmelsdorf seien weder Landratsamt, betroffene Gemeinde noch die Öffentlichkeit informiert worden. Buchstäblich in einer „Nacht- und Nebel-Aktion" seien sämtliche Gleise mit Ausnahme eines einzigen Bahnsteiggleises abschnittsweise durchtrennt worden, um sie zum Abtransport vorzubereiten. Er wirft der Bahn ein Vorgehen in

„Wildwest-Manier" und einen Affront gegen den Freistaat Bayern als Aufgabenträger des schienengebundenen Personennahverkehrs vor.

Reich weiter: „Ich habe kein Verständnis dafür, daß die Deutsche Bahn AG hier sämtliche Kundenwünsche in den Wind schlägt und völlig ohne Not die Rückbaumaßnahmen durchpeitschen will und die Strecke dadurch für potentielle private Anbieter möglichst unattraktiv macht." Abschließend bittet Reich den Minister, durch die Aufsichtsbehörde prüfen zu lassen, ob für die von der Deutschen Bahn durchgeführten Maßnahmen Genehmigungen des Eisenbahn Bundesamtes erforderlich gewesen wären. Sollte dies der Fall sein, hätte die Bahn rechtswidrig gehandelt.[16]

Immerhin für den Bahnhof Schnaittach gibt es Entwarnung: Ein „Rückbau des noch vorhandenen Kreuzungsgleises" sei „derzeit nicht beabsichtigt", erklärt die Deutsche Bahn AG gegenüber dem Bundestagsabgeordneten Albert Schmidt.[17]

Rückbau ohne Not

Simmelsdorfs Bürgermeister Kögel bezeichnet die Maßnahmen als Rückbau ohne Not, um „klare Verhältnisse" im Sinne der Bahn zu schaffen und weniger gewinnbringende Strecken abzustoßen. Wenn der Rückbau noch weiter fortschreite, sei es nach Ansicht des Simmelsdorfer Gemeindeoberhauptes nicht mehr weit bis – natürlich wegen Unrentabilität – auch noch die Grundstücke verhökert werden. Er fordert die Wiederherstellung der Ausweichstrecke.[18] Dazu kommt es jedoch nicht. Drei Jahre später, im Oktober 2000, beschließt der Gemeinderat Simmelsdorf mit nur einer Gegenstimme eine Satzung, welche die Grenzen eines zukünftigen Gewerbegebietes umfasst.[19] Wir sind fassungslos. Nun sollten die Grundstücke ausgerechnet an die Gemeinde Simmelsdorf „verhökert" werden. Nicht, um die Bahnanlagen zu sichern, wie man annehmen könnte, sondern um darauf ein Gewerbegebiet anzusiedeln – ohne Gleisanschluss.

*„Ganze Arbeit
mit Schneidbrenner"*
Pegnitz-Zeitung, 15. April 1997

Wir entwickeln ein Alternativkonzept: Es sieht vor, dass in Simmelsdorf zwei Gleise verbleiben und dennoch eine große Fläche für eine anderweitige Nutzung frei wird. Wir schlagen vor, dass die Deutsche Bahn die Verkaufserlöse für die Grundstücke in neue Bahnsteige, Fahrradständer, einen Park&Ride-Platz und eine Renovierung der Bahnhofsgebäude reinvestiert, um das gesamte Simmelsdorfer Bahnhofsviertel aufzuwerten.

Zerstörte Weiche…

…und zerstückelte Schienen in Simmelsdorf

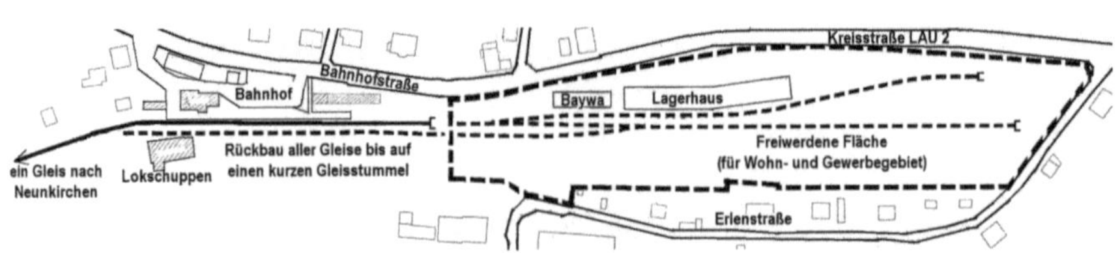

Die Planung der DB Netz AG: Rückbau bis auf einen kurzen Gleisstummel

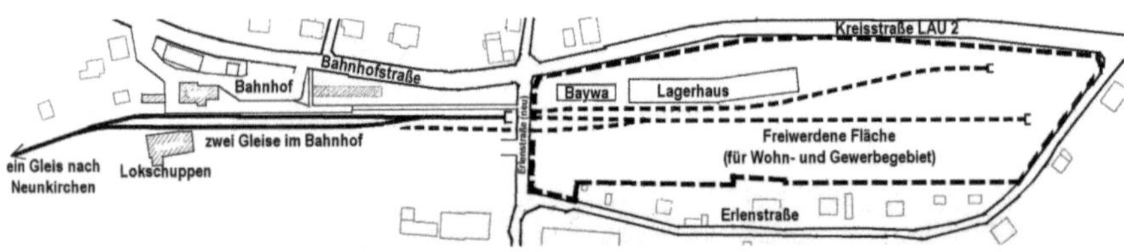

Unser Alternativvorschlag: Zwei Gleise im Bahnhof ermöglichen weiterhin Güterverkehr und lokbespannte Sonderzüge. Trotzdem wird eine große Fläche frei.

DB Netz lehnt ab:

> *„In Simmelsdorf-Hüttenbach werden außer dem Streckengleis (Bahnsteiggleis) zur Abwicklung des Schienenpersonennahverkehrs keine weiteren Gleisanlagen benötigt. Eine Reduzierung der nicht mehr benötigten Gleisanlagen dient in erster Linie [sic], den Betrieb und Unterhalt der Strecke wirtschaftlicher zu gestalten und den Erhalt der Strecke zu sichern."*[20]

Der schrittweise Rückbau geht weiter: Am 2. Oktober 2000 werden an den Einfahrweichen in Schnaittach und Simmelsdorf die Antriebe abgebaut und mit einem Bolzen verschweißt. Ende 2007 baut DB Netz die erneuerungsbedürftige Einfahrweiche in Simmelsdorf aus und ersetzt sie durch ein gerades Gleisstück. Im September 2011 wird die BayWa-Lagerhalle abgerissen und im Juli 2012 erfolgt in Simmelsdorf die Demontage aller Gleise bis auf ein verbleibendes Bahnsteiggleis. Erst 18 Jahre nach Beginn des Rückbaus stellt DB Netz am 6. Mai 2015 dazu rückwirkend (!) einen Stilllegungsantrag beim Eisenbahn-Bundesamt. Mein Heimatbahnhof ist Geschichte.

211 044 hat einen Wagen mit Kohle im Ladehof zugestellt. Dort, wo der Rangierer absteigt, um die Weiche in Grundstellung zu bringen,…

… steht heute der Prellbock und markiert das Ende der Schnaittachtalbahn.

Dieses Bild entstand während eines Spaziergangs mit meinem Vater und Bruder. Im Ladehof wird gerade das zweite Gleis demontiert.

31 Jahre später sind auch alle anderen Gleise verschwunden. Recyclingcontainer stehen neben der ehemaligen Rampe, während die Natur den Bahnhof recycelt.

Von 1981 bis 1994 habe ich im Haus links im Bild gewohnt. Von meinem Kinderzimmer im ersten Stock blieb keine Fahrzeugbewegung unbemerkt.

Wer auch immer heute dort wohnt, blickt ins Grüne. Die Gleise sind abgebaut und die Natur erobert sich den Bahnhof zurück.

Im April 1997 zuckelt ein Triebwagen der Baureihe 614 bei Simmelsdorf Richtung Neunkirchen.

Wie man eine Bimmelbahn wiederbelebt

Zurück ins Jahr 1997: Bernd und mir ist von Anfang an klar, dass die Schnaittachtalbahn dauerhaft nur eine Zukunft haben wird, wenn das Angebot so gut ist, dass viele Menschen mit den Zügen fahren. Was muss also passieren, damit mehr Menschen mit der Schnaittachtalbahn fahren? Die geringe Nachfrage hat aus unserer Sicht zwei Gründe. Erstens fahren die Züge nicht dorthin, wo die Menschen wollen. Von zehn Fahrgästen der Schnaittachtalbahn sind sieben in Richtung Lauf bzw. Nürnberg unterwegs, zwei in Richtung Hersbruck oder Neuhaus und nur einer will nach Neunkirchen am Sand. Dort enden die Züge – eine Station und drei Kilometer vor der Kreisstadt Lauf an der Pegnitz.

Zweitens sind die Hauptreiseziele Lauf, Nürnberg und Hersbruck nur mit Umsteigen und langen Fahrzeiten erreichbar. Umsteigen ist unbequem und risikoreich. Selbst wenn der Anschluss zu 95 Prozent klappt, bedeutet das für einen Berufspendler, dass er einmal pro Monat entweder zu spät zur Arbeit kommt oder eine Stunde in Neunkirchen auf den nächsten Zug nach Hause warten muss. Statistiken zeigen, dass pro Umsteigevorgang mit einem Fahrgastverlust von 14 Prozent gerechnet werden muss. Jeder siebte potenzielle Fahrgast nutzt also ein anderes Verkehrsmittel, wenn er umsteigen muss. Noch größer ist der Anteil an Fahrgästen, die gar nicht umsteigen können. Da alle Reisenden in Neunkirchen am Sand über einen Treppenzugang durch die Unterführung den Bahnsteig wechseln müssen, ist das Zugangebot für Reisende mit Fahrrädern, Einkaufstauschen und Gepäck, Mütter mit Kinderwagen, Senioren und Gehbehinderte nur schwer nutzbar. Dies sind nach einer Untersuchung des Verbandes Deutscher Verkehrsunternehmen etwa 20 Prozent der Bevölkerung. Insgesamt zeigen Statistiken, dass etwa jeder dritte Fahrgast das Auto benutzt, wenn er umsteigen muss.[21]

Der Umsteigebahnhof Neunkirchen im April 1998: Links trifft der Regionalzug aus Nürnberg ein. Die Schnaittachtalbahn nach Simmelsdorf wartet auf Gleis 1. Das Gleis in der Mitte führt nach Nürnberg.

Schnell und direkt

Kernidee der beiden von uns getrennt voneinander entwickelten Konzepte ist es deshalb, dass die Züge der Nebenstrecke nicht mehr in Neunkirchen am Sand enden, sondern auf der Hauptstrecke bis nach Nürnberg weiterfahren. Unser Plan ist, dass die Züge zwischen Simmelsdorf und der Kreisstadt Lauf überall halten und die Fahrgäste einsammeln. Ab Lauf sollen sie ohne Zwischenstopp bis Nürnberg Hauptbahnhof durchrauschen und die Fahrgäste schnell ans Ziel bringen. Das lästige Umsteigen würde entfallen und die Reisezeiten würden sich beispielsweise von Simmelsdorf nach Nürnberg von 56 auf nur noch 34 Minuten verkürzen. Nur so wäre es überhaupt möglich, Fahrzeiten von etwa einer halben Stunde für 30 Kilometer Entfernung zu erreichen, die mit dem Auto konkurrenzfähig wären.

Schnaittach - Lauf

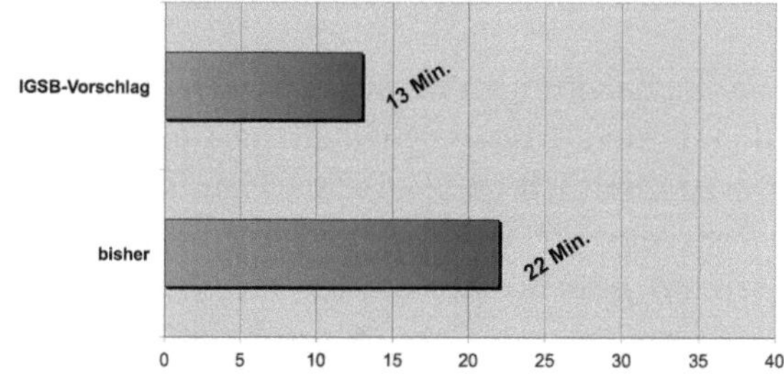

Vor allem auf kurzen Strecken sind die Fahrzeitvorteile der Direktverbindung deutlich.

Wir erstellen auf Basis unserer beiden auf dem Streckenjubiläum im September 1995 vorgestellten Flugblätter zunächst eine parteipolitisch neutrale Kurzfassung, die wir auf einem Infostand unseres inzwischen 34 Mitglieder zählenden Vereins am Öko-Markt in Schnaittach am 10. Mai 1997 verteilen.

Zusammen mit Mathias König beginnen wir, eine ausführliche Broschüre zu erarbeiten, die den Titel IGSBnebenbahnkonzept tragen soll. Einige Jahre später ändern wir den Namen in Zukunftskonzept Schnaittachtalbahn. Erstens sind *Neben*bahnen nichts *Neben*sächliches, sondern haben eine wichtige Zubringerfunktion. Ein großer Fluss kann nicht existieren, ohne dass viele kleine Bäche in ihn hinein fließen. Zweitens wollen wir, dass aus einer nichtssagenden und unbedeutend wirkenden Bahnlinie mit der Nummer „R31" eine starke Marke wird, mit der sich die Bevölkerung identifizieren kann. Psychologisch entsteht dadurch eine andere Bezugsebene. Wer auf dem Bauernhof aufgewachsen ist, weiß, dass man Tiere ungern schlachtet und verspeist, die einen Namen haben.

Unser Konzept soll Möglichkeiten zeigen, angeblich unrentable Nebenstrecken attraktiv und liebeswert, vor allem aber überlebensfähig zu gestalten. Wir wollen Impulse geben, Maßnahmen und Visionen darstellen, die bei anderen Nebenbahnen in der Bundesrepublik verwirklicht wurden.

Schlagkräftige Argumente

Damit wir das Zukunftskonzept erstellen können, müssen wir zunächst umfangreich recherchieren. Bernd lieferte im Herbst 1995 in seinem für die Grünen erstellten Konzept zwei weitere schlagkräftige Argumente für die Weiterführung der Züge aus Simmelsdorf über Neunkirchen hinaus bis Nürnberg.

Erstens fand er anhand von Beobachtungen heraus, dass der Einsatz der vier Zuggarnituren auf den Linien Nürnberg–Neuhaus und Neunkirchen–Simmelsdorf sehr unwirtschaftlich ist. Zwischen Neunkirchen und Simmelsdorf pendelt ein Fahrzeug. Zwischen Nürnberg und Neuhaus pendeln drei Fahrzeuge, wovon jedoch eines immer in Nürnberg steht.

Grund dafür ist, dass die Züge aus Neuhaus in Nürnberg Hauptbahnhof zur Minute 59 ankommen, zur Minute 00 wieder nach Neuhaus zurückfahren und die Wendezeit von nur einer Minute zu kurz ist.

> *„Diese Verbesserung ließe sich ohne Einsatz eines zusätzlichen Triebwagens bewerkstelligen."*
> *Nebenbahnkonzept* von Bernd J. Loos

„Diese Standzeit gilt es zu nutzen", schreibt Bernd in seinem Konzept. Er schlägt vor, die Fahrzeugumläufe der Linien Neuhaus–Nürnberg und Simmelsdorf–Nürnberg in Nürnberg miteinander zu verknüpfen. Es würde ein Rundlauf Simmelsdorf–Nürnberg–Neuhaus–Nürnberg–Simmelsdorf entstehen, für den ein Fahrzeug vier Stunden braucht. Für einen Stundentakt auf beiden Strecken benötigt man also weiterhin nur vier Fahrzeuge. Die Deutsche Bahn bestätigt dies: „Die Annahme, daß dies fahrzeugneutral geschehen könnte, ist richtig."[3]

„Lauf als Halt auszuklammern, ist nicht möglich."
Nikolaus Meyer, Bundesbahndirektion Nürnberg, zum Pendolino-Halt in Lauf

Mehrkosten würden nur im Grenzkostenbereich für Kraftstoff und Personal anfallen. Und bei den Mehrkosten für das Personal sind wir nicht einmal sicher, ob diese überhaupt anfallen. Teilweise werden Lokführern Standzeiten nämlich nicht als unbezahlte Pause abgezogen, sondern als Tätigkeitsunterbrechung voll durchbezahlt.

Bemerkenswerter Nebeneffekt

Zweitens hatte ich einen weiteren Vorteil der Durchbindung der Züge nach Nürnberg nicht bedacht: „Ein bemerkenswerter Nebeneffekt ist die Einführung der schon lange geforderten Eilzugverbindung von Lauf rechts der Pegnitz nach Nürnberg."

Dazu muss man wissen, was im Jahr 1991 bei einer Ausschusssitzung des Industrie- und Handelsgremiums der Stadt Lauf Nikolaus Meyer, Abteilungsleiter des Nahverkehrs bei der Bundesbahndirektion Nürnberg, für die Einführung des Pendolino versprochen hatte: „Lauf als Halt auszuklammern, ist nicht möglich."[22] Ein Jahr später teilte die Bundesbahndirektion Nürnberg mit, dass der Pendolino nicht in Lauf halten wird: Der Regional-Schnellzug sei mit nur 132 Sitzplätzen für den Nahverkehr im Großraum Nürnberg denkbar ungeeignet.[23] Es könne nicht angehen, dass Nahverkehrsfahrgäste den Fernreisenden, die mit Gepäck beladen sind, die Sitzplätze wegnehmen, so Horst Weigelt, Präsident der Bundesbahndirektion Nürnberg. Über schnelle Alternativen, die die Nahverkehrsfahrgäste zufriedenstellen, werde derzeit nachgedacht.[24] Wohl ging es darum, die werbewirksame Fahrzeit von Bayreuth nach Nürnberg auf 59 Minuten und damit unter einer Stunde zu halten. Versprochen wurde, dass der „Ost-Pendolino" Richtung Weiden und Schwandorf ab 23. Mai 1993 in Lauf halten sollte. Doch am Mittwoch, 10. Dezember 1992, titelte die *Pegnitz-Zeitung*: „Auch der Pendolino 2 hält nicht in Lauf." In einer dreiseitigen Pressemitteilung teilte die Bundesbahn mit, dass ein Halt in Lauf doch nicht möglich sei.

Wir sind uns sicher, die Stadt Lauf und den Landkreis Nürnberger Land als Unterstützer für unser Konzept gewinnen zu können. Die Bundesbahn hatte nach fünf Jahren des Nachdenkens immer noch keine „schnelle Alternative" zwischen Lauf und Nürnberg gefunden. Die für Lauf erforderlichen Sitzplatzkapazitäten würde die bis Nürnberg durchfahrende Schnaittachtalbahn bieten können, weil zu erwarten ist, dass ein Teil der Reisenden aus dem Schnaittachtal nur bis in die Kreisstadt Lauf fährt und somit im folgenden Abschnitt Lauf-Nürnberg genügend freie Sitzplätze sind.

> *„Auch der Pendolino 2 hält nicht in Lauf"*
> *Pegnitz-Zeitung*, 10. Dezember 1992

Eine Ausnahme war die Fahrt des Pendolino zwischen Simmelsdorf und Nürnberg am 28. November 2007. Er musste für eine defekte Zuggarnitur einspringen.
Foto: Andreas Beck

Amtsschimmel trifft Utopie

In meiner Kindheit und Jugend hatte ich bereits als Einzelkämpfer viele Briefe an Bahn, Politiker und Verkehrsverbund geschrieben. Als Schüler des Gymnasiums in Lauf pendelte ich damals mit dem Zug zwischen Simmelsdorf und Lauf und war täglich vom Umsteigen betroffen. Die gesamten Briefwechsel füllen etwa einen Leitz-Ordner und sind für die Konzepterstellung sehr wichtig. Wir kennen dadurch nicht nur unsere

Argumente, sondern auch die wichtigsten Gegenargumente, die wir so im Konzept von vornherein entkräften können.

Meinen ersten Brief an die Bundesbahndirektion Nürnberg tippte ich im Alter von zwölf Jahren auf einer mechanischen Schreibmaschine. Inspiriert vom Vortrag von Dieter Ludwig und dem Erfolg des Pendolino-Zuges schlug ich den Einsatz des Pendolino zwischen Nürnberg und Simmelsdorf vor. Die Deutsche Bundesbahn antwortete mit einem vierseitigen Brief, der wenig auf meine eigentlichen Anliegen einging und dafür in vielen Textbausteinen weitschweifige Begründungen lieferte, warum es nicht geht:

> *„Für eine Realisierung Ihrer Vorschläge sehen wir jedoch derzeit leider keine Chancen"*
> Bundesbahndirektion Nürnberg, 1992,
> zu Direktverbindungen Simmelsdorf - Nürnberg

„Bei der Angebotsgestaltung sind wir bestrebt, alle Relationen nachfragegerecht zu bedienen. Allerdings können nicht alle Orte umsteigefrei mit durchgehenden Zügen verbunden werden. (…) Dabei würde der Einsatz eines sog. ‚Pendolino'-Triebzuges in der Relation Nürnberg – Simmelsdorf/Hüttenbach bestimmt nicht zu einer Halbierung der Fahrzeit beitragen." (…) Kurz: „Für eine Realisierung Ihrer Vorschläge sehen wir jedoch derzeit leider keine Chancen."

Der Brief endete mit: „Wir würden uns freuen, wenn unsere Ausführungen Ihr Verständnis finden könnten. Für die Zukunft wünschen wir Ihnen stets angenehmes Reisen mit der Deutschen Bundesbahn."[25]

Hohe Streckenauslastung?

Motiviert durch das Streckenjubiläum und das Nebenbahnkonzept von Bernd mache ich Mitte September 1995 einen erneuten Vorstoß. Ich schicke mein Konzept mit stündlichen Direktzügen zwischen Simmelsdorf und Nürnberg an die Bürgermeister der Gemeinden Simmelsdorf, Schnaittach und Neunkirchen am Sand, der Stadt Lauf sowie den Verkehrsverbund Großraum Nürnberg und die Deutsche Bahn AG. Vier Wochen später folgen drei weitere Briefe an Herrn Landrat Hartmann, seinen Stellvertreter, Herrn Reich, und den Bayerischen Landtag. Teilweise erhalte ich gar keine Antwort oder erst auf mehrfaches Nachhaken.

Soweit ich Antworten erhalte, sind diese inhaltlich fast identisch: Erstens seien bereits Verbesserungen geplant und zweitens sei es nicht möglich, Züge von Simmelsdorf über Neunkirchen hinaus bis Nürnberg fahren zu lassen. Hauptargument ist die starke Auslastung der Hauptstrecke. Oberregierungsrat Dr. Ehmann vom Landratsamt Nürnberger Land:

„Selbst wenn es wirklich gelänge, die gewünschte Bedienung ohne Einsatz eines zusätzlichen Fahrzeugs zu ermöglichen, bleibt nach wie vor das Problem, daß die Strecke R 3 zwischen Nürnberg/ Hauptbahnhof und Hersbruck rechts der Pegnitz extrem stark belastet ist. Wie Sie sicher wissen, verkehrt dort in großem Umfang auch Fernverkehr und Güterverkehr. Anhand von Plänen und Tabellen wurde uns detailliert dargelegt, daß es in dieser äußerst dichten Zugfolge gerade zu den attraktiven und für die Bevölkerung interessanten Zeiten keine nennenswerten Lücken mehr gibt." (...)

„Wir hoffen darauf, daß sich hier in den kommenden Jahren Verbesserungen ergeben. So könnte es sein, daß die vorgesehene moderne Signaltechnik eine engere Zugfolge möglich macht. Dies wird man in drei bis fünf Jahren beantworten können, wenn diese Maßnahmen realisiert sind. Bis dahin wird nichts anderes übrig bleiben, als sich mit dem jetzigen (übrigens gar nicht so schlechten) Zustand zufrieden zu geben."[26]

Drei bis fünf Jahre? Die versprochene „moderne Signaltechnik" gibt es zwanzig Jahre später immer noch nicht. Und ein „gar nicht so schlechter Zustand" ist ein Zustand und kein attraktives Zugangebot.

Bei einem einzigen Zug klappt die Weiterführung nach Nürnberg tatsächlich: „Es wurde erwirkt, daß der Zug, der in Simmelsdorf-Hüttenbach um 07.03 Uhr abführt [sic], direkt nach Nürnberg durchfährt", so stellvertretender Landrat Reich.[27]

Fällt Ihnen etwas auf? Nicht nur, dass dies interessanterweise genau der Zug ist, mit dem ich morgens zur Schule fuhr. Nein, die Deutsche Bahn weist unser Konzept wegen hoher Streckenauslastung zurück, schafft es jedoch ausgerechnet in der Zeit des stärksten Berufsverkehrs, eine Fahrt bis Nürnberg zu verlängern. Kommt Ihnen das nicht auch seltsam vor? Es muss mehr gehen!

Die Kundenbetreuungsstelle der Deutschen Bahn in Nürnberg reagiert erst auf das fünfte Anschreiben und verbittet eine weitere Kontaktaufnahme:

> *„Bitte haben Sie Verständnis dafür, daß die Bahn AG aus wirtschaftlichen Gründen und bei der Vielzahl der Anregungen nicht auf alle vorgebrachten Wünsche und Zuschriften im Detail antworten kann, zumal diese oft durch sehr gegensätzliche Interessen geprägt sind. Aus diesem Grunde bitten wir auch von weiteren Schreiben bezüglich der o. g. Strecke abzusehen.“*[3]

Dem Wunsch bin ich natürlich nicht nachgekommen …

Wo kein Wille ist, ist auch kein Weg

Liegt es wirklich an der Streckenauslastung oder fehlt einfach der Wille, etwas zu verändern? Der Zweckverband Verkehrsverbund Großraum Nürnberg (ZVGN) lässt keinerlei Ambitionen erkennen, den Fahrplan wirklich kundenorientiert zu gestalten. Das Fahrplanangebot läge „im Rahmen der vom Freistaat gemachten Vorgaben" und sei „eine durchaus akzeptable Verbindung". Es heißt weiter: „Angesichts dieser Tatsache erscheinen die von Herrn Sommerer verplanten zusätzlichen Zugkilometer vollkommen utopisch. Es würde auch keinerlei Relation zwischen Bedarf, finanziellem Aufwand und Zuspruch bestehen." Der ZVGN untermauert die Behauptung damit, dass durchgehende Züge in die nächstgrößere Stadt nur bei der Bahnlinie Wicklesgreuth–Windsbach mit zwei Fahrten nach Ansbach bestünden. „Bei allen anderen Nebenstrecken muß am jeweiligen Endpunkt der Nebenbahn auf Verbindungen der Hauptstrecken umgestiegen werden." Doch das ist falsch: Wir finden ganz viele Nebenbahnen in Nordbayern,

> *„Aus diesem Grunde bitten wir auch von weiteren Schreiben bezüglich der o. g. Strecke abzusehen."*
> Deutsche Bahn AG, 1995

die entweder in größeren Städten enden oder deren Züge zumindest noch ein paar Stationen bis in die nächstgrößere Stadt weiterfahren. Wir listen alle Nebenstrecken in Nordbayern auf und es bleiben zwei Strecken übrig, deren Züge nicht in die nächstgrößere Stadt fahren: Wicklesgreuth–Windsbach (bis auf zwei Fahrten) und Neunkirchen–Simmelsdorf. Der Zweckverband liefert uns damit ein

> *„ Vollkommen utopisch"*
> ZVGN zu stündlichen Direktzügen
> zwischen Simmelsdorf und Nürnberg

zusätzliches Argument für die Durchbindung der Schnaittachtalbahn bis Nürnberg.[28]

Steter Tropfen höhlt den Stein

Frischer Wind und Offenheit für neue Ideen kommt einzig und allein von der Bayerischen Eisenbahngesellschaft in München. Diese bedankt sich für die „sehr konstruktiven Beiträge zur Attraktivitätssteigerung des bayerischen Schienenpersonennahverkehrs. Die Bayerische Eisenbahngesellschaft ist für eine erfolgreiche und kundenorientierte Tätigkeit auf den Gebieten der Planung, Bestellung und Koordination (...) stets auf die Mithilfe engagierter Bahnnutzer angewiesen." Dass dies wirklich stimmt, zeigt sich daran, dass mir in einem weiteren Schreiben ein kompetenter Ansprechpartner aus der Planungsabteilung mit Durchwahlnummer für einen Gedankenaustausch empfohlen wird. Gleichzeitig bedauert die Bayerische Eisenbahngesellschaft, dass „angesichts des stark beschränkten öffentlichen Finanzbudgets und der Angebotspreise für Schienenpersonennahverkehrsleistungen der DB AG gegenwärtig keine Möglichkeit" besteht, den Angebotsumfang weiter zu erhöhen.[29]

Immerhin gelingt es uns in Zusammenarbeit mit der Bayerischen Eisenbahngesellschaft im Juni 1997 und in den Folgejahren immer wieder, kleinere Fahrplan- und Anschlussverbesserungen für die Schnaittachtalbahn zu erreichen. Die Salami-Taktik der Bundesbahn funktioniert auch umgekehrt. „Steter Tropfen höhlt den Stein", heißt ein bekanntes Sprichwort.

Güter gehören auf die Bahn – zumindest theoretisch...

Bei der Deutschen Bahn AG regte ich 1995 an, den Güterverkehr wieder aufzunehmen, indem die Güterwagen an die Dieseltriebwagen der Baureihe 614 angehängt werden. Damals war dies bei vielen Privatbahnen üblich.

Auch hier beginnt die Antwort mit dem Standardsatz:

„Der Grund für die Einstellung (...) lag ausschließlich in der mangelnden Akzeptanz unseres Leistungsangebotes durch den Markt."
Deutsche Bahn AG,
Geschäftsbereich Ladungsverkehr,
zur Einstellung des Güterverkehrs
auf der Schnaittachtalbahn

„Leider müssen wir Ihnen mitteilen, daß sich Ihre Vorschläge nicht realisieren lassen. Der Grund für die Einstellung des Wagenladungsverkehrs im September 1994 auf dieser Strecke lag ausschließlich in der mangelnden Akzeptanz unseres Leistungsangebotes durch den Markt. Von 1989 bis 1993 war das Aufkommen im Wagenladungsverkehr um 90 % auf 0,5 Wagen wöchentlich zurückgegangen. Bei dieser negativen Tendenz kann nur noch von äußerst geringem Interesse an Schienentransportleistungen gesprochen werden."[68]

Geringes Interesse am Schienentransport? Das stimmte nicht. Auch ehemalige und mögliche neue Frachtkunden hatte ich angeschrieben. Die Aussagen waren genau gegenteilig:

„Gegen unseren Willen hat die Bahn den Güterverkehr auf der Strecke Neunkirchen am Sand – Simmelsdorf eingestellt; auf unsere Kosten mußten wir das Anschlußgleis abbauen", schreibt ein ehemaliger Güterkunde aus Rollhofen.[69]

„Die DB AG hat schon vor 10 - 15 Jahren eine Entwicklung verschlafen, die heute fast nicht mehr aufzuholen ist. Es fehlt der DB AG an einem schnellen ‚von Ort zu Ort Netz' im z.B. Stundentakt und es fehlt ihr noch mehr an flächendeckenden Be- und Entladestationen mit einem schnellen regionalen Verteilernetz", bringt es der Geschäftsführer einer Molkerei in Simmelsdorf auf den Punkt.

Im Jahr 1908 war das Unternehmen als Fränkische Dampfmolkerei wegen der Eisenbahn nach Simmelsdorf gezogen und hatte sich direkt neben dem Bahnhof angesiedelt.

„Gegen unseren Willen hat die Bahn den Güterverkehr auf der Strecke Neunkirchen am Sand – Simmelsdorf eingestellt."
Ehemaliger Güterkunde aus Rollhofen

Der Geschäftsführer legte dar, welche Anforderungen speziell die Milchindustrie habe und dass diese heute und auf absehbare Zeit mit der DB AG nicht zu realisieren wären. Der Brief endete mit: „Die DB AG ist gut beraten, sich sehr schnell geeignete Konzepte zu erarbeiten, die für die Industrie so attraktiv sind, daß sie in Zukunft den Schwerlastverkehr bevorzugt auf die Schiene bringen."[70]

17 Jahre später ging auch für die Molkerei die Zeit in Simmelsdorf zu Ende. Im Jahr 2012 wurde das Werk geschlossen, die Gebäude im Sommer 2015 abgerissen. Der markante Schornstein fiel ein Jahr später.

„Die DB AG hat schon vor 10 - 15 Jahren eine Entwicklung verschlafen, die heute fast nicht mehr aufzuholen ist."
Potenzieller Güterkunde aus Simmelsdorf

Unsere Vision: Mit modernen Triebwagen direkt von Nürnberg nach Simmelsdorf im Stundentakt.

Der Weg in die Zukunft

Im Januar 1998 ist unser Konzept zur Zukunft der Schnaittachtalbahn nach rund einjähriger Arbeit inhaltlich fertig. Texte sind geschrieben, Grafiken angefertigt und Bilder eingescannt. Internet und E-Mail stecken noch in den Kinderschuhen. Die einzelnen Dateien tauschen wir zur Weiterbearbeitung auf 3,5-Zoll-Disketten mit teils handgeschriebenen Begleitbriefen per Briefpost zwischen unseren Wohnorten aus. Regelmäßig treffen wir uns zu einer Art Redaktionskonferenz, bei der Bernd, Mathias und ich zusammen Inhalte und Gestaltung diskutieren. Es ist eine Herausforderung, das aus vielen Einzeldateien bestehende Konzept in eine für damalige Verhältnisse gigantische rund 170 Megabyte große Datei zu kopieren. Der Computer ist damit völlig überfordert. Scrollen dauert gefühlt eine Ewigkeit und der Rechner stürzt mehrmals ab. Die nächste Herausforderung ist, das Konzept auf ein Medium zu bringen, das wir an die Druckerei geben könnten. Das Internet ist langsam und teuer. Auf eine Diskette passen nur 1,44 Megabyte. Glücklicherweise hat der Computer von Bernds Vater einen CD-Brenner. Es entsteht eine sehr professionell wirkende und gut recherchierte 52 Seiten starke Broschüre, die wir zunächst als kopierte Version in eher mäßiger Qualität herausgeben.

Offizielle Präsentation

Für den 27. März 1998 laden wir die Bürgermeister aus dem Schnaittachtal, den Landrat, die ÖPNV-Arbeitsgruppe des Landkreises, alle Vereinsmitglieder und die Heimatvereine zur Vorstellung des IGSBnebenbahnkonzeptes ins Schaffer Bräustüberl nach Schnaittach ein. Das Interesse der Politiker ist eher bescheiden und enttäuscht uns etwas. Interessierte Zuhörer sind der zweite Schnaittacher Bürgermeister Ruckriegel, einige Kreisräte, ein Gemeinderat aus Neunkirchen am Sand und ein Stadtrat aus Lauf. Die Präsentation beginnt mit einer Bestandsaufnahme der aktuellen Situation. Mit einer Diashow gehen wir auf den derzeit nicht nutzbaren Kreuzungsbahnhof Schnaittach, die schlechte Ausstattung der Haltepunkte, die zerstörten Gleise in Simmelsdorf und das momentan eher unbefriedigende Zugangebot ein. Es folgt ein Film über die Wiederauferstehung der Schönbuchbahn im Raum Stuttgart. In mühevoller Kleinarbeit hatten wir einen Fernsehbeitrag aus der Sendung Eisenbahn-Romantik mit zwei VHS-Videorekordern gekürzt und alle Szenen entfernt, die uns zu eisenbahnnostalgisch waren. Der Vorspann mit bimmelnder Schmalspurdampflok musste ebenso raus wie die Moderation des vollbärtigen Mr. Eisenbahn-Romantik, alias Hagen von Ortloff. Im anschließenden Vortrag stellt Bernd in seiner Funktion als stellvertretender Vorsitzender

> *„Abschied vom ‚Bimmelbahn-Image' ist möglich"*
> *Pegnitz-Zeitung*, 9. April 1998

unser Konzept detailliert vor. Die Basis besteht aus durchgehenden Verbindungen nach Nürnberg, die ab Simmelsdorf überall halten und ab Lauf ohne Halt bis Nürnberg durchfahren. Das Umsteigen in Neunkirchen würde entfallen und die Fahrzeit zum Beispiel von Schnaittach nach Nürnberg würde sich von 42 auf 25 Minuten verkürzen. Lauf erhielte einen Ersatz für den lange geforderten Pendolino-Halt mit einer Fahrzeit von nur zwölf Minuten nach Nürnberg. In Neunkirchen bestünde bei allen Zügen Anschluss in Richtung Hersbruck. Die Schnaittachtalbahn soll außerdem durch folgende Maßnahmen attraktiver gemacht werden:

- Verbindungen bis in die Nacht hinein mit Anrufsammeltaxen

- Taktverdichtung in den Stoßzeiten (Halbstundentakt) und am Wochenende (stündlich)

- Verbesserung des Erscheinungsbildes der Haltepunkte mit befestigten höheren Bahnsteigen, gläsernen geschlossenen und beheizten Wartepavillons, Fahrradständern und besserer Kundeninformation

- Einrichtung neuer Haltepunkte, um die Fußwege zu verkürzen

- Einsatz moderner Fahrzeuge, die stufenloses Einsteigen ermöglichen und flexibler dem Bedarf angepasst werden können, um im Schülerverkehr den Zug verstärken beziehungsweise am Wochenende Wagen abstellen zu können

- Zubringer-Bus-Linien

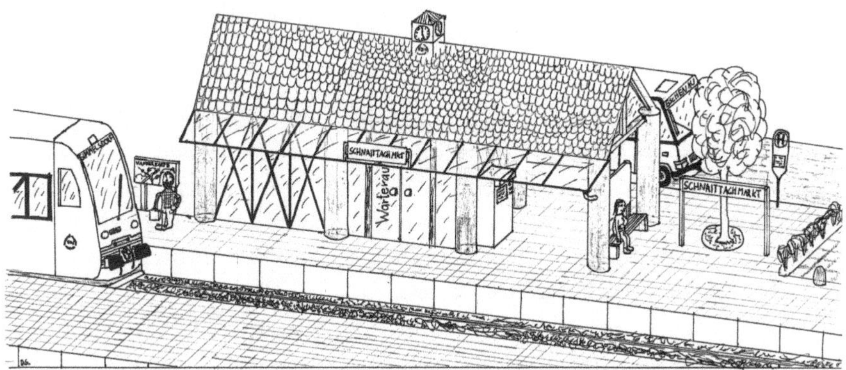

Der Bahnhof als Visitenkarte: Entwurf für Schnaittach mit beheiztem Warteraum, Kiosk und Tür-an-Tür-Umsteigemöglichkeit zwischen Bahn und Zubringerbus.

Zusätzlich sollen eine offensive Vermarktung und eine Wiederaufnahme des Güterverkehrs die Rentabilität der Bahnstrecke steigern. Dem Vortrag schließt sich eine intensive und interessante Diskussion an. Sie kommt zu dem Schluss, dass die Veranstaltung im Rahmen einer Verkehrsausschusssitzung des Kreistages wiederholt werden soll, zu der die betroffenen Bürgermeister und der Landrat nochmals eingeladen werden sollen.

Die Broschüre wird gedruckt

Wir lassen das IGSBnebenbahnkonzept auf weißem Papier zweihundert Mal drucken. Umweltpapier schließen wir nach ausgiebiger Diskussion aus, da wir uns nicht als grüne Öko-Spinner abstempeln lassen, sondern professionell und seriös auftreten wollen. Für Schnellleser liegt in der Mitte der Broschüre eine vierseitige knackige Kurzfassung des Konzeptes, gedruckt auf gelbem Papier bei. Vertreter von Politik und Eisenbahn erhalten das Konzept gratis zugesandt. Interessenten können die Broschüre für fünf Mark kaufen und die Kurzfassung gratis erhalten. Die Druckkosten finanzieren wir über eine Spendenaktion.

IGSBnebenbahnkonzept

Als die gedruckte Broschüre fertig ist, laden wir für 12. Oktober 1998 erneut die Kommunalpolitiker ein, um unser Konzept vorzustellen. Aufhänger ist diesmal der Spatenstich an der einst stilllegungsgefährdeten Bahnstrecke von Nürnberg nach Gräfenberg im Nachbarlandkreis. Mit einem Aufwand von 24,5 Millionen Euro wird sie saniert. Trotz frühzeitigen Versands der Einladungen und mehrerer Alternativtermine sagen Landrat Reich, Schnaittachs Bürgermeister Hähnlein und Laufs Bürgermeister Pompl ab. Immerhin können wir Simmelsdorfs Bürgermeister Kögel, Bürgermeister Goldhammer aus Neunkirchen am Sand und den Personenverkehrsbeauftragten des Landkreises, Herrn Papanikolaou, begrüßen. Sie zeigen sich sehr interessiert an unserer Arbeit, es ergibt sich eine angeregte Diskussion. Wir freuen uns, dass das Konzept unter Kommunalpolitikern bereits sehr bekannt ist.

Strategiewechsel

Nachdem ich im September 1998 volljährig bin, werde ich bei der Jahreshauptversammlung im November 1998 als Vorsitzender gewählt. Alleiniger Stellvertreter wird nach einer Satzungsänderung Bernd Loos. Nachdem die Politiker offenbar nicht zu uns kommen wollen, beschließen wir, den Spieß umzudrehen: Mitte November schreiben wir die Bürgermeister und den Landrat an und bieten an, das Konzept in den Gemeinde- und Kreistagssitzungen zu präsentieren.

Als Erstes antwortet die Stadt Lauf an der Pegnitz. Sie bietet uns an, unser Konzept am 14. Januar 1999 in einer öffentlichen Sitzung des dafür zuständigen Verwaltungsausschusses vorzustellen. In meinem Vortrag auf einem Tageslichtprojektor betone ich vor allem die Vorteile unseres Konzeptes für die Stadt Lauf: eine stündliche Schnellverbindung nach Nürnberg ohne Zwischenhalt mit

Moderne und regionaltypische Architektur soll die hässlichen Einheits-Betonwartehäuschen ersetzen.

einer Fahrzeit von nur zwölf statt 21 Minuten. Das Gremium fasst folgenden Beschluss: „Der Verwaltungsausschuss nimmt vom IGSBnebenbahnkonzept der Interessengemeinschaft Schnaittachtalbahn e.V. Kenntnis und befürwortet dies mit 13:0 Stimmen. (...) Das frühere in Lauf rechts vorhandene Eilzugangebot wurde zunächst ausgedünnt und dann eingestellt. Dies kann im Interesse einer vernünftigen Verkehrspolitik nicht hingenommen werden", schreibt Laufs Bürgermeister Pompl an die Deutsche Bahn AG. „Während in früheren Jahren ‚Pendolino'-Halte u. a. auch mit mangelnden Zügen begründet wurden, könnte unser jetziger Wunsch ohne den Einsatz weiterer Schienenfahrzeuge verwirklicht werden."[30]

Das Landratsamt schreiben wir insgesamt zweimal, die Bürgermeister in Neunkirchen, Schnaittach und Simmelsdorf je dreimal an, bis wir überhaupt eine Antwort auf unser Angebot bekommen, das Konzept in den politischen Gremien vorzustellen.

Acht Monate vergehen, bis Mathias König und ich am 26. Juli 1999 zu Gast bei der Interfraktionellen Arbeitsgruppe ÖPNV im Landratsamt sind. Nach einer kurzen Einführung durch den Abteilungsleiter Herrn Dr. Ehmann präsentieren wir das IGSBnebenbahnkonzept. Die Anwesenden loben zwar allgemein das vorgestellte Konzept, allerdings werden in der anschließenden Diskussion drei Schwerpunkte deutlich, die den grauen Herren Bauchweh bzw. Kopfschmerzen bereiten: Erstens sei für die Regionalzüge nicht das Landratsamt, sondern das Bayerische Wirtschafts- und Verkehrsministerium mit der ihm unterstellten Bayerischen Eisenbahngesellschaft zuständig. Dass die Landkreise hier beratend und empfehlend mitwirken können, wird von den Anwesenden des Landratsamtes nicht oder nur sehr zögerlich akzeptiert. Zweitens lehnen sie grundlegende Änderungen ab, da hierdurch möglicherweise dem Kreis Kosten entstehen könnten. Und drittens haben die Herren Angst vor Verschlechterungen für das obere Pegnitztal, falls die Züge aus Nürnberg künftig in Neunkirchen nicht mehr geradeaus Richtung Hersbruck und Neuhaus fahren, sondern ins Schnaittachtal abbiegen sollten. Als uns Herr Dr. Ehmann fragt, welche Maßnahmen wir für besonders dringlich halten, nennen wir die Durchbindung der Züge nach Nürnberg und die Verbesserung des Zustands der Bahnhöfe. Dr. Ehmann verspricht, die zuständigen Stellen brieflich zu kontaktieren.

Im Herbst 1999 gelingt es uns endlich, das IGSBnebenbahnkonzept in den Gemeinderatssitzungen vorzustellen: in Neunkirchen am 22. September, in Schnaittach am 14. Oktober und in Simmelsdorf am 26. Oktober. Diesmal stelle ich zusätzlich die Entwicklung von der Deutschen Bundesbahn zur Deutschen Bahn AG vor und informiere darüber, dass seit der Regionalisierung des Schienenpersonennahverkehrs im Jahr 1996 in Bayern das Staatsunternehmen Bayerische Eisenbahngesellschaft für die Regionalzüge verantwortlich ist. Ich erkläre, dass dadurch die Einflussmöglichkeiten von Städten, Gemeinden und Landkreisen auf den Schienennahverkehr stark gestiegen sind, und appelliere an die Gemeinderäte, diese Chancen zu nutzen. Unser Konzept findet bei allen drei Gemeinden sehr guten Anklang. Gerne sei man bereit, sich noch einmal mit den zuständigen Stellen in Verbindung zu setzen.

Ein wichtiger Teilerfolg: Nach acht Jahren Pause erscheint „Simmelsdorf" ab Mai 2000 wieder einmal täglich auf den Zugzielanzeigern in Nürnberg.

Das Trostpflaster

Die zuständigen Stellen tagen im Oktober 1999 in Erlangen. Es findet eine öffentliche Sitzung des Zweckverbandes Verkehrsverbund Großraum Nürnberg mit Vertretern der Bayerischen Eisenbahngesellschaft statt. „Zeitweise weniger Züge?", lautet die Überschrift in der *Hersbrucker Zeitung*. „Davon betroffen sei vor allem die Strecke R 31 Simmelsdorf/Hüttenbach (Schnaittachtalbahn)", heißt es im Artikel. Aber: „Als Trostpflaster soll es einzelne Direktverbindungen von dort nach Nürnberg geben."

Landrat Helmut Reich ist beunruhigt: „Man hat uns nicht genau gesagt, was genau kommen soll. (...) Da kommt wieder was auf uns zu."[31]

Thomas Scheder, Geschäftsführer der Bayerischen Eisenbahngesellschaft, gibt wenige Tage später Entwarnung: „Zwischen Nürnberg und Simmelsdorf-Hüttenbach kommt es im neuen Fahrplan ab Ende Mai 2000 aufgrund geänderter Fernverkehrsfahrzeiten zur Umschichtung einzelner Züge. Insgesamt bleibt das Angebot aber vom Umfang her unverändert." Wegen der Änderung der Fernverkehrsfahrzeiten durch die Deutsche Bahn AG ergäbe sich zwischen Nürnberg und Bayreuth/

„Zeitweise weniger Züge?"
Hersbrucker Zeitung, 4. November 1999

Marktredwitz ein neuer Fahrplan, der längere Umsteigezeiten in Neunkirchen am Sand zur Folge hat.[32]

Über inzwischen gute Beziehungen zur Bayerischen Eisenbahngesellschaft erfahren wir, wie das „Trostpflaster" aussieht: Zusätzlich zur Fahrt um 7:03 Uhr ab Simmelsdorf werden die Züge um 6:11 Uhr und 13:07 Uhr nach Nürnberg durchfahren. In der Gegenrichtung soll um 13:09 Uhr ab Nürnberg ein Zug nach Simmelsdorf fahren.

Nun gelingt es der Bayerischen Eisenbahngesellschaft also ausgerechnet in der Hauptverkehrszeit, drei weitere Fahrten bis Nürnberg zu verlängern, was die Deutsche Bahn bisher immer abgelehnt hatte. Damit erscheint das Argument der hohen Streckenauslastung endgültig widerlegt.

Auf mintgrün folgt verkehrsrot: Wagen für Wagen werden ab 1996 alle Fahrzeuge modernisiert und umlackiert (bei Rollhofen, Herbst 1997).

Die große Chance

Der neue Fahrplan soll nur ein baustellenbedingter Übergangsfahrplan für ein Jahr sein. Mit der Eröffnung der S-Bahnlinie von Nürnberg nach Roth sowie der Einführung von Neigezügen auf den Strecken Würzburg–Hof und Schwandorf–Regensburg soll im Jahr 2001 das gesamte Zugangebot in Nordbayern neu geordnet werden. Bernd betont in einer Vereinssitzung, dass dies „die große Chance" sei, unser Konzept mit stündlichen Direktverbindungen von Simmelsdorf nach Nürnberg umzusetzen.

Allen voran das Landratsamt müsse sich daher „unbedingt jetzt" mit dieser Forderung an die Bayerische Eisenbahngesellschaft und Minister Wiesheu wenden.

Wir entwerfen als „Ghostwriter" folgendes Schreiben, das die drei Bürgermeister der Gemeinden Neunkirchen am Sand, Schnaittach und Simmelsdorf auf einem Briefpapier der Gemeinde Neunkirchen am Sand unterschreiben und an das Bayerische Staatsministerium für Wirtschaft, Verkehr und Technologie schicken:

> *„Die drei Bürgermeister des Schnaittachtales – der Gemeinde Neunkirchen a. Sand, des Marktes Schnaittach und der Gemeinde Simmelsdorf – bitten Sie, beim Erhalt der Schnaittachtalbahn Neunkirchen a. Sand–Simmelsdorf um Ihre Unterstützung.*
>
> *Seit unserem Einsatz für den Kreuzungsbahnhof Schnaittach Markt und unserem Besuch bei Ihnen vor etwa drei Jahren konnte zwar ein Abbau des Kreuzungsgleises verhindert werden, die allgemein schlechte Situation der Bahnlinie hat sich aber nicht verändert.*
>
> *Die Gleisanlagen lassen derzeit nur eine Höchstgeschwindigkeit von 60 km/h zu. An einigen Bahnübergängen muss auf 20 km/h heruntergebremst werden. Die Haltepunkte sind verwahrlost und schrecken potentielle Kunden davon ab, die Bahn als Fortbewegungsmittel zu nutzen. Die Züge enden derzeit bis auf eine Ausnahme alle in Neunkirchen a. Sand. Fahrten in die Kreisstadt Lauf oder ins Ballungszentrum Nürnberg sind somit ohne unattraktives und zeitaufwendiges Umsteigen nicht möglich. Auch in Richtung Hersbruck gibt es keine regelmäßigen Anschlüsse. Des weiteren gibt es keine den gesamten Tag geltenden Abfahrtszeiten gemäß des Bayern-Taktes.*
>
> *Mittlerweile hat die Interessengemeinschaft Schnaittachtalbahn e.V. (IGSB) ein ausführliches Nebenbahnkonzept erstellt, das auch Ihrem Hause vorliegen müsste. Darin werden Maßnahmen für eine Verbesserung der derzeitigen Situation aufgezeigt. In diesem Konzept wird gefordert, alle Züge gemäß dem SMA-Gutachten bis nach Nürnberg durchzubinden (neben der Nebenbahn Windsbach–Wicklesgreuth ist unsere Nebenbahn die einzige in Nordbayern, auf der die Züge nicht in einem größeren Ort enden). Ab Lauf*

soll der Zug ohne Halt verkehren, um der Kreisstadt den fehlenden RE-Halt (Kapazitätsproblematik Pendolino) zu ersetzen. Die Durchbindung der Züge könnte nach Untersuchungen der IGSB ohne zusätzlichen Fahrzeugbedarf und mit der vorhandenen Gleisinfrastruktur eingeführt werden.

Die Ansätze der ehrenamtlich tätigen Bürger unseres Tales wollen wir unterstützen und gegenüber Ihrem Haus mitvertreten. Nachdem wir bei der Gräfenbergbahn gesehen haben, dass der Freistaat Bayern bereit ist, Geld für die Erneuerung von Nebenbahnen im Ballungsraum zu investieren, bitten wir Sie, den Ausbau der Schnaittachtalbahn als eines der nächsten Projekte im Raum Nürnberg zu starten. Im Vergleich zu Gräfenberg dürften in unserem Fall weit weniger Finanzmittel nötig sein.

Kurzfristig schlagen wir ein Treffen mit Ihnen, der Bayerischen Eisenbahngesellschaft, der IGSB und der DB Regio vor, um eine weitere Vorgehensweise abzustimmen. Im Zuge der Sektor Ost-Untersuchung von intraplan (S-Bahn-Verlängerung nach Hersbruck) sollte der untersuchte Verkehrsraum auf unsere Bahnstrecke ausgedehnt werden. Zur Klärung der technischen Einzelheiten und einer Kostenabschätzung eines etwaigen Ausbaues sollte ein Gutachten von einem Ingenieurbüro erstellt werden.

Wir sehen einen akuten Handlungsbedarf, da derzeit zwar von Montag bis Freitag ein Stundentakt angeboten wird, dessen Attraktivität aber durch das Umsteigen in Neunkirchen und die allgemein langen Fahrzeiten wieder zunichtegemacht wird. Eine Durchbindung aller Nebenbahnzüge nach Nürnberg ohne Halt zwischen Lauf und Nürnberg ist daher – wie oben bereits erwähnt – unser Hauptanliegen.

Mit einer immer weiter verschlechternden Infrastruktur fürchten wir, dass unsere Nebenbahn auf dem langsamen schleichenden Weg stillgelegt wird. Diese Entwicklung muss gestoppt werden, da für unsere Region der Anschluss an das Schienennetz von essentieller Bedeutung ist.

Wir wären Ihnen sehr dankbar, wenn Sie uns in obiger Angelegenheit Ihre Unterstützung zusagen könnten und sehen einer baldigen positiven Antwort gerne entgegen."[33]

Ehrliche Bemühungen

Die Hoffnung der drei Bürgermeister, dazu bereits zum Neujahrsempfang des Simmelsdorfer CSU-Ortsverbands am 13. Februar 2000 konkrete und vor allem positive Aussagen des Ministers zu erhalten, erfüllt sich nicht. Dafür taucht eine interessante Referatsvorlage des Ministeriums auf:

„Durch die geringe Reisegeschwindigkeit infolge mehrerer ungesicherter Bahnübergänge und den Umsteigezwang für die bevorzugten Reiseziele Lauf und Nürnberg wird das für den SPNV im Verdichtungsraum vorhandene Potential nur unzureichend ausgeschöpft."

Diese Aussage bestätigt erstmals von offizieller Seite, dass unser Konzept verkehrlich sinnvoll ist. Weiter heißt es:

„Im Rahmen eines derzeit mit DB Regio und VGN entwickelten Fahrplankonzepts für 2001 wird angestrebt, weitere Züge Zugkmneutral nach Nürnberg durchzubinden."[34]

Auch im Landratsamt in Lauf tut sich etwas. Im Januar 2000 ist ein Planer der Bayerischen Eisenbahngesellschaft zu einem mehrstündigen Gespräch zu Gast. Hauptthema ist die Schnaittachtalbahn. Bayerische Eisenbahngesellschaft und Landratsamt diskutieren, ob direkt nach Nürnberg durchfahrende Züge möglich sind. Landrat Helmut Reich dazu:

„Ich bin sehr froh, dass man aus dem manchmal so fernen München auf uns zugekommen ist und sich vor Ort informiert hat. Zwar hat es keine konkreten Zusagen gegeben. Ich habe aber den Eindruck, dass unsere Situation durchaus verstanden wird und erkenne das ehrliche Bemühen, sich intensiv damit zu befassen."[35]

Im Jahr 1895 stellten die Gemeinden kostenlos Grundstücke für den Bahnbau zur Verfügung. Deren Verkauf eignet sich prima, um die DB-Bilanzen zu versilbern.

Börsenwahn statt Bürgerbahn

Im Dezember 1999 wird Hartmut Mehdorn Vorstandsvorsitzender der Deutschen Bahn AG mit dem Auftrag, das Unternehmen börsenfähig zu machen, und beginnt zu poltern. Demnach sollen innerhalb der nächsten fünf Jahre etwa sieben Prozent der Zugkilometerleistungen durch Busse ersetzt werden. „Ab zehn Uhr abends setzen wir da halt für die wenigen Fahrgäste einen Bus ein", so Mehdorn.[36] Von 70.000 Entlassungen ist die Rede. Der Güterverkehr soll um 25 Prozent reduziert werden. Der Fahrgastverband PRO BAHN spricht von einem „Griff in die Mottenkiste der Bahnpolitik", die „fatal an längst vergangen geglaubte Zeiten" erinnere, und wirft der DB eine Geschäftspolitik der 1970er Jahre vor.[71] „Mehdorn ist auf Sparpläne hereingefallen, die schon die Bundesbahn an den Abgrund gebracht haben (…) Schon die Deutsche Bundesbahn hat jahrzehntelang ‚etwas' gegen leere Züge getan – aber nie das Richtige", so Rainer Engel vom Fahrgastverband PRO BAHN.[36] Mehdorns direkter, autoritärer, aggressiver und manchmal cholerisch wirkender Führungsstil passt gut zum neuen äußeren Erscheinungsbild des DB-Konzerns. „Die Bahn DB", so der neue herrische Markenauftritt ab dem Jahr 2002, will sich mit einer einheitlichen roten Außenfarbe für die Regionalzüge von ihren andersfarbigen Wettbewerbern abgrenzen. Nach und nach werden seit 1996 alle Regionalzüge in den roten Farbtopf getaucht. Innen weichen einladend freundliche Pastellfarben einem kühlen und sterilen Blau-Grau. „Bei Mehdorn gilt: Ich bin deine Bahn, du sollst keine andere Bahn haben neben mir", bilanziert der damalige PRO BAHN-Vorsitzende Karl-Peter Naumann.[37]

Das Projekt Regent

Im Frühjahr 2000 kommen Pläne an die Öffentlichkeit, dass die Deutsche Bahn AG Zweigstrecken aus dem Konzern ausgliedern und von bahneigenen mittelständischen Unternehmen betreiben lassen will. Kommunen sollen sich daran beteiligen können. Das Projekt umfasst etwa ein Viertel des deutschen Eisenbahnnetzes. Zu diesen Strecken gehört die Schnaittachtalbahn von Neunkirchen am Sand nach Simmelsdorf. Der Name des Projekts lautet Regionale Netzentwicklung oder kurz: „Regent". Eine Regentschaft ist die stellvertretende Herrschaft eines nicht gekrönten Staatsoberhauptes in einer Monarchie an Stelle des Herrschers. Sinngemäß passt

„Steht die Schnaittachtalbahn vor dem Aus?"
Pegnitz-Zeitung, 28. März 2000

diese Beschreibung zum Stil Mehdorns und zu den Hintergrundgedanken des Projektes. Die Deutsche Bahn AG geht davon aus, dass regional operierende Bahnunternehmen im Nahverkehr kundennäher, kostengünstiger und erfolgreicher arbeiten als der einerseits zentral gesteuerte und andererseits völlig zersplitterte DB-Konzern. Fünf rechtlich selbstständige Tochterunternehmen sind im Jahr 2000 für die Schnaittachtalbahn zuständig:

1. die DB Netz AG für die Gleise

2. die DB Station&Service AG für die Bahnsteige

3. die DB Immobilien GmbH für die bahneigenen Grundstücke

4. die DB Regio AG für den Zugverkehr und

5. die Omnibusverkehr Franken GmbH (OVF) für den parallelen Busverkehr.

In Deutschland sollen 37 regionale Eisenbahnnetze mit jeweils 150 bis 350 Kilometern Strecke entstehen. Neue konzerneigene Regionalbahngesellschaften sollen die Strecken aus einer Hand betreiben.

Vereitelte Stilllegungspläne?

Politiker enttarnen hinter der „Mittelstandsoffensive" die im Jahr 1997 vereitelten Stilllegungspläne. Das Landratsamt Nürnberger Land befürchtet, dass die Deutsche Bahn Regionalgesellschaften gründen möchte, an denen sich Kommunen, Landkreise und heimische Busunternehmen beteiligen sollen, um die ungeliebten Nebenbahnen loszuwerden. „Da kämen enorme Kosten auf uns zu, ganz abgesehen davon, dass uns das Know-how in Sachen Schienenverkehr völlig fehlt", so Eugen Ehmann, oberster Regierungsrat.[38]

Mit den Worten „So haben wir uns die Privatisierung der bisherigen Bundesbetriebe nicht vorgestellt", lehnt auch der Präsident des Bayerischen Gemeindetags, Heribert Thallmair, die Regionalisierungspläne ab. Nach Post und Telekom wolle sich nun auch die Bahn als letzter der ehemaligen Monopolbetriebe auf Kosten der Gemeinden im ländlichen Raum sanieren, kritisiert Thallmair. „Die Post schließt ihre Filialen, die Telekom verlegt keine unterirdischen Kabel mehr und nun zieht sich auch noch die Bahn aus der Fläche zurück."[39]

Landrat Reich schreibt einen bestürzten Brief an Staatsminister Wiesheu: „Ich bin darüber in hohem Maße beunruhigt. (…) Es wäre ein fatales Signal, wenn sich die Deutsche Bahn nunmehr von dieser Strecke zurückziehen könnte. (...) Die von der Bahnseite offensichtlich als Variante erwogene ‚Ausgliederung' an Gesellschaften, die unter Beteiligung von Gemeinden und Landkreisen gebildet werden, wäre weder finanziell zu leisten, noch wäre eine solche Maßnahme mit der bisherigen Linie der bayerischen Eisenbahnpolitik zu vereinbaren. Meines Erachtens käme hier nur ein eigener ‚bayerischer Weg' in Betracht, bei dem die Bayerische Eisenbahngesellschaft durch Übernahme von Strecken tätig wird. Dies wäre eine konsequente Fortsetzung der bisherigen bayerischen Eisenbahnpolitik. Ich setze mein volles Vertrauen darin, dass Sie sich im Interesse der betroffenen Bevölkerung für den Erhalt der Strecke R 31 einsetzen werden."[40] Minister Wiesheu antwortet: „Wir werden die DB AG und den Bund nicht aus ihrer Verantwortung für Bestand und Unterhalt des Netzes entlassen und keine Verschiebung etwaiger Defizite auf Kosten der Länder akzeptieren."[41]

„Der Ansatz zielt in die richtige Richtung", befürwortet dagegen der verkehrspolitische Sprecher der Grünen-Bundestagsfraktion, Albert Schmidt, die Regionalisierungspläne der Deutschen Bahn. Allerdings dürften nur sanierte Nebenstrecken ausgegliedert werden. „Niemand soll glauben, er könne den Kommunen marode Strecken vor die Füße kippen und die zahlen die Sanierung dann aus eigener Tasche", warnt der Eichstätter Bundestagsabgeordnete, der auch Mitglied im DB-Aufsichtsrat ist. Er betont, dass bundespolitisch in Bahnfragen „jeder Fortschritt schwer erkämpft werden" muss. „Wir befinden uns in einer Koalition mit einer Autopartei, und unser Kanzler ist ein Autokanzler." Schmidt spricht sich weiter dafür aus, dass mit der Zuständigkeit auch die Finanzmittel nach unten vom Bund an die Länder weitergereicht werden müssen. In der Tat konnten in Deutschland in den letzten Jahren positive Erfahrungen mit derartigen Organisationsmodellen gemacht werden.[42]

Die Deutsche Bahn verspricht, ihre konzeptionellen Überlegungen zur Neukonstruierung der Nebenstrecken bis zum Sommer abzuschließen und den Ländern vorzustellen. Im Sommer hören wir nichts mehr von der Mittelstandsoffensive, die scheinbar aufgrund der politischen Proteste wieder in den Schubladen des DB-Konzerns verschwindet. Anlässlich der Bezirksverbandsitzung des Bayerischen Landkreistages treffen sich sieben mittelfränkische Landräte mit Vertretern der Deutschen Bahn in Hubmersberg. „Zumindest bis 2004 (...) ist die Bahnstrecke Neunkirchen am Sand–Simmelsdorf/Hüttenbach (R 31) gesichert."[43]

Direkt von Nürnberg nach Simmelsdorf im Stundentakt: Diese Vision soll im Juni 2001 wahr werden. Die Umsetzung ist nur zweitklassig.

Radikaler Wandel

„Ein langgehegter Wunsch der Bevölkerung könnte bald für die Laufer Wirklichkeit werden", schreibt die *Pegnitz-Zeitung* am 24. Oktober 2000 unter dem Titel „Wunschzug kommt". „Nach zuverlässigen Informationen der Bayerischen Eisenbahngesellschaft (BEG) in München folgt ab Juni 2001 eine deutliche Angebotsverbesserung auf der Bahnstrecke rechts der Pegnitz mit einem Zug, der ohne Halt zwischen Lauf und Nürnberg verkehren wird. Die Fahrzeit zwischen den Städten würde sich dadurch von bisher über 20 Minuten auf zehn oder zwölf Minuten verkürzen."

Doch die Züge der Schnaittachtalbahn werden dies nicht sein: „Weitergeführt wird diese Verbindung mit Halten an allen Stellen ab/bis Neuhaus." Dennoch werden große Verbesserungen in Aussicht gestellt: „Zusätzlich werden umstiegsfreie Verbindungen zwischen Simmelsdorf/ Hüttenbach und Nürnberg eingeführt. Züge, die ebenfalls seit Jahren gefordert werden. Montags bis freitags sollen hier stündlich Züge mit Halt an allen Bahnhöfen fahren. Erfreulich zudem, dass in Neunkirchen der Umstiegsanschluß für Reisende Richtung Hersbruck damit nur noch fünf Minuten betragen wird."

„Wunschzug kommt"
Pegnitz-Zeitung, 24. Oktober 2000

Die *Pegnitz-Zeitung* feiert die Entwicklung als „radikalen Wandel" und erinnert daran, dass die Deutsche Bahn AG „derartige Zugverbindungen abgelehnt oder als fahrplantechnisch nicht machbar bezeichnet" hat. „Wir ernten nun die Früchte einer langen und harten, aber zielstrebigen Arbeit", kommentiert ein zufriedener Landrat Reich das Ergebnis und lobt dabei auch ausdrücklich die Arbeit der Interessengemeinschaft Schnaittachtalbahn.[44]

Halbherzige Umsetzung

Trotz der in der Tat enormen Verbesserungen sind wir nicht wirklich glücklich über die halbherzige Umsetzung. Aus drei Gründen:

Erstens haben wir Angst davor, dass das neue Konzept im Pegnitztal nicht akzeptiert wird, wozu die *Pegnitz-Zeitung* schreibt: „Allerdings ergeben sich Nachteile für Fahrgäste, die aus dem Bereich zwischen Lauf und Nürnberg – also z.B. von Behringersdorf oder Rückersdorf – ins obere Pegnitztal fahren wollen."[44] Später wird sich genau dies bewahrheiten und die Proteste werden dazu führen, dass das Konzept rückgängig gemacht wird.

Zweitens sind wir enttäuscht und neidisch darüber, dass mit der Schnellverbindung zwischen Lauf und Nürnberg ein Element unseres Konzepts zweckentfremdet wird und das obere Pegnitztal zusätzlich zum Pendolino eine zweite schnelle Verbindung nach Nürnberg bekommt.

Drittens ist eine Fahrzeit von 45 Minuten zwischen Simmelsdorf und Nürnberg nicht konkurrenzfähig. Ein Autofahrer benötigt etwa 30 Minuten. „Unser Kunde, der steht nicht zehn Minuten früher auf; für den ist nur wichtig, dass er rasch und wenigstens in der gleichen Reisezeit zu seinem Ziel kommt. Sonst benutzt er das Auto eben doch wieder", sagte einst Dieter Ludwig, Werk- und Betriebsleiter der Karlsruher Verkehrsbetriebe.[45] Die werbewirksame Fahrzeit von unter einer halben Stunde von Schnaittach nach Nürnberg ist nur erreichbar, wenn die Züge nicht zwischen Lauf und Nürnberg halten.

In einer Pressemitteilung argumentieren wir für unser Fahrplankonzept, welche die *Pegnitz-Zeitung* unter der Überschrift „Noch bleiben viele Wünsche offen" abdruckt. Ein Schreiben an die Bayerische Eisenbahngesellschaft mit unserem besseren Fahrplankonzept und einer dreiseitigen Argumentation

„Auch Schattenseiten"
Pegnitz-Zeitung, 8. Juni 2001

bleibt unbeantwortet. Unsere Befürchtung: Der Bahnbetreiber verbessert ein bisschen was und fährt dabei weiter geschickt am Bedarf vorbei. Er stellt fest, dass trotzdem nicht genügend Menschen mitfahren und schlussfolgert, dass einfach kein Bedarf ist, um so die Stilllegung der Strecke zu rechtfertigen.

Der ungeliebte Fahrplan

Am 10. Juni 2001 tritt der angekündigte neue Fahrplan in Kraft, der in der Tat ganz erhebliche Verbesserungen für die Schnaittachtalbahn bringt: Von insgesamt 32 Verbindungen zwischen Simmelsdorf und Nürnberg verkehren 28 ohne Umsteigen in Neunkirchen am Sand direkt von und nach Nürnberg. Das heißt: Lediglich beim ersten und letzten Zug sowie am Wochenende müssen Fahrgäste umsteigen. Der neue Takt macht den Blick in den Fahrplan fast überflüssig und gestaltet die Benutzung der Bahn besonders einfach. In Simmelsdorf fahren die Züge beispielsweise immer zur Minute 02 ab. Da der Fahrplanwechsel künftig europaweit im Dezember statt im Juni stattfindet, soll der Fahrplan diesmal eineinhalb Jahre statt ein ganzes Jahr lang gelten.

Es dauert nicht lange, bis der neue Fahrplan für Ärger sorgt: „Früher kam ich mit dem durchgehenden Zug in 15 Minuten von Ludwigshöhe nach

Hersbruck. Jetzt dauert die 13 Kilometer lange Fahrt mit Umsteigen über eine Stunde", beklagt sich ein Angestellter aus Rückersdorf, der jahrelang mit dem Zug nach Hersbruck zur Arbeit fuhr und nun aufs Auto umgestiegen ist.[46] Die von uns angesprochenen, jedoch ignorierten Kritikpunkte werden nun öffentlich geäußert und stellen die Verbesserungen in den Schatten. Die Blindeninstitutsstiftung und die Präzisionswerkzeugfabrik Franken aus Rückersdorf beschweren sich bei der Bayerischen Eisenbahngesellschaft, weil die Zugverbindung für ihre Arbeitnehmer aus

„Zugverbindung zerrissen"
Hersbrucker Zeitung, 9. Juli 2001

dem oberen Pegnitztal unzumutbar wurde. Demgegenüber verkürzte sich die Fahrzeit aus dem oberen Pegnitztal nach Nürnberg nur um wenige Minuten. Landrat Reich zeigt sich hilflos: „Wir können bei Fahrplankonferenzen unsere Anliegen vortragen", sagt er. Oft stünden den Wünschen der Kommunen aber betriebliche Belange der Bahn entgegen.[46] Kurzfristig werden auf der Linie nach Neuhaus zweistündliche Halte am Nürnberger Ostbahnhof eingebessert. Ab 10. September 2001 hält nach Protesten jede zweite Regionalbahn Neuhaus–Nürnberg in Rückersdorf.

Ungewisse Zukunft

Wir sehen die große Gefahr, dass zum nächsten Fahrplanwechsel das Konzept mit durchgehenden Zügen nach Nürnberg komplett rückgängig gemacht wird und argumentieren für unser Konzept. Mit Erfolg: Zum 15. Dezember 2002 werden die Fehler des Fahrplans 2001 korrigiert und unsere Vision wird Realität: Die Züge der Bahnlinie Neuhaus–Nürnberg halten wieder an allen Stationen, dafür fahren die Züge aus Simmelsdorf ab Lauf mit nur noch einem Zwischenstopp bis Nürnberg Hauptbahnhof durch. Die Fahrzeit zwischen Simmelsdorf und Nürnberg verkürzt sich auf 36 Minuten. Bis auf einige Details entspricht der Fahrplan montags bis freitags zwischen Nürnberg und Simmelsdorf exakt unserem Zukunftskonzept. Warum nicht gleich so? Dieses gute Angebot ist im Verkehrsdurchführungsvertrag zwischen dem Freistaat Bayern und der Deutschen Bahn allerdings nur für zwei Jahre gesichert. Ab Ende 2004 ist die Zukunft der Schnaittachtalbahn offen.

Um eine Streckensperrung oder ein Tempolimit zu vermeiden, werden im Bahnhof Schnaittach die Weichen im April 2003 notdürftig repariert.

Weichenrückbau statt Weichenstellung

Um die Weichen für die Schnaittachtalbahn über das Jahr 2004 hinaus zu stellen, organisieren wir für 31. März 2003 eine Gesprächsrunde im Landratsamt. Durch zwei besondere Einladungstaktiken gelingt es uns, erstmals wichtige Vertreter von Politik und Bahn an einen Tisch zu bekommen. Erstens laden wir Herrn Landrat Reich nach einer Terminabstimmung zuerst ein und erhoffen uns davon eine gewisse Sogwirkung. Zweitens findet die Veranstaltung nicht abends im Wirtshaus, sondern nachmittags innerhalb der Arbeitszeit im Landratsamt statt. Als Referenten können wir Tobias Richter als ehemaligen Projektleiter der Modernisierung der Bahnlinie Nürnberg–Gräfenberg im Nachbarlandkreis gewinnen. Seit der Modernisierung haben sich dort die Fahrgastzahlen verdreifacht. Fünf Jahre nachdem wir unser IGSBnebenbahnkonzept vorgestellt haben, ziehen wir in einer dreistündigen Info- und Gesprächsrunde eine Zwischenbilanz und diskutieren am Beispiel der Gräfenbergbahn weitere Schritte, um aus der Schnaittachtalbahn eine attraktive und moderne Regionalbahnstrecke zu machen.

Positives Beispiel: Werbung für die Karlsruher Stadtbahn am Park&Ride-Platz in Ettlingen, 1998

Der Geschäftsführer des Verkehrsverbundes Großraum Nürnberg (VGN), Herr Dr. Weißkopf, führt an, dass die Gräfenbergbahn in keinster Weise mit der Schnaittachtalbahn vergleichbar sei. Er kritisiert einerseits, dass das Konzept mit schnellen Direktverbindungen von Simmelsdorf nach Nürnberg zulasten des oberen Pegnitztales umgesetzt wurde. Andererseits verschweigt er, dass unser Konzept vom Schweizer Planungsinstitut SMA für den Bayern-Takt empfohlen wurde – einem Planungsbüro, dem der VGN selbst viele Aufträge erteilt hat. Für einen 30-Minuten-Takt im Berufsverkehr und einen Kreuzungsbahnhof in Schnaittach sieht Herr Dr. Weißkopf keinen Bedarf. Insgesamt sei das Fahrgastpotenzial relativ gering.

Die Aussage von Schnaittachs Bürgermeister Brandmüller, dass die Schnaittachtalbahn lebensnotwendig sei, zweifelt Herr Dr. Weißkopf, stark an. Es entsteht eine Grundsatzdiskussion, bei der die Umstel-

Warum Werbung wichtig ist

Wie wichtig offensives Marketing ist, beweist eine interessante Studie der Verkehrs-Aktiengesellschaft (VAG). Die VAG betreibt die U-Bahnen, Straßenbahnen und Busse in Nürnberg. Sie hat herausgefunden, dass bei 30 Prozent der Wege der öffentliche Personennahverkehr von den Nürnbergern nur deshalb nicht genutzt wird, weil ihnen keine Informationen zur Verfügung stehen. Die VAG investiert jährlich 1,5 Millionen Mark in ein Experiment: Sie schickt Bürgern Informationen zum Angebot und einen Gutschein für eine kostenlose Fahrt per Post zu. Die Aktion rechnet sich: „Wir bekommen das Dreifache unserer Investitionen zurück", berichtet Hermann Klodner von der VAG. Pro Kopf erlöste die VAG bei einer Aktion im Stadtteil Langwasser für 18 zusätzliche Fahrten 24,30 Mark jährlich mehr. Die Werbeaktion hatte sich im 13. Monat refinanziert. Zudem sind die Auswirkungen bis zu fünf Jahre nach der Aktion statistisch nachweisbar.[66] Zwei Jahre später berichten die Nürnberger Nachrichten, dass die Anzahl der Fahrgäste um zehn bis zwanzig Prozent gesteigert werden konnte, während sie in Stadtvierteln ohne Werbung zurückgegangen sei.[67]

Wird absichtlich nicht für das gute Zugangebot im Schnaittachtal geworben, um trotz eines gutes Angebots, aber zu geringen Fahrgastzahlen die Strecke einstellen zu können?

lung des Nahverkehrs im Schnaittachtal auf Busse diskutiert wird. Herr Roider aus der Bussparte von DB Regio untermauert die Diskussion mit unglaubwürdig niedrigen Reisendenzahlen.

Wir kritisieren, dass für das verbesserte Zugangebot keine Werbung gemacht wird. Eine Werbeoffensive für das gute Zugangebot lehnt der VGN-Geschäftsführer ab und hält die jährlichen Presseinformationen zum Fahrplanwechsel und die in größeren Bahnhöfen ausliegenden Taschenfahrpläne für ausreichend .

Wir sprechen über die verwahrloste Infrastruktur, vor allem den abschreckenden Zustand der Stationen. Ursache des Investitionsrückstaus bei Stationen und Gleisanlagen sei, dass der Korridor Nürnberg–Simmelsdorf/Neuhaus nicht in einem Ausbau- und Finanzierungsprogramm enthalten sei. Der VGN zögerte bislang mit der Vergabe, weil es seit längerem Überlegungen gäbe, die rechte Pegnitzstrecke zu elektrifizieren. Im Entwurf des Bundesverkehrswegeplans sei dies im vordringlichen Bedarf enthalten und solle bis 2015 realisiert werden. Eine verkehrliche Untersuchung für den Sektor Ost würde frühestens Ende 2003 in Auftrag gegeben werden Ergebnisse sollen zwei bis drei Jahre später vorliegen. Kurzfristig sei nur die Schließung kaum benutzter Bahnübergänge oder die technische Sicherung des Bahnübergangs in Hedersdorf realistisch.

Wir fühlen uns erpresst

Statt die Weichen für die Zukunft zu stellen, droht deren Abbau: Herr Kredel, Leiter Regionalnetz Franken bei der DB Netz AG, teilt mit, dass die Weichen im Bahnhof Schnaittach ihre maximale Lebensdauer erreicht haben und dringend erneuert werden müssten. Andernfalls drohe ein Tempolimit oder eine totale Streckensperrung. DB Netz will die Weichen ersatzlos ausbauen und durch ein gerades Gleisstück ersetzen. Das Kreuzungsgleis solle zwar zunächst erhalten bleiben, allerdings vom Streckennetz abgeklemmt und dadurch unbenutzbar werden. Den Einbau neuer Weichen lehnt Herr Kredel aus Kostengründen ab. Sollten wir den Rückbau der Weichen blockieren, droht er mit einem Planfeststellungsverfahren nach dem Allgemeinen Eisenbahngesetz, was den Rückbau des Schnaittacher Bahnhofs, verbunden mit Freistellung der nicht mehr benötigten Grundstücke von Bahnbetriebszwecken zur Folge hätte. Auch eine angekündigte Erneuerung der Schienen entlang der gesamten Strecke würde unterbleiben. Wir fühlen uns erpresst.

Letztlich endet die Gesprächsrunde ohne konkretes Ergebnis. Einzig Herr Schneider von der Bayerischen Eisenbahngesellschaft bringt wirklich konstruktive Vorschläge in die Diskussion ein. Eine Ausweitung des Zugangebots sei durchaus möglich, sofern keine zusätzlichen Kosten entstehen, also beispielsweise, wenn die Betriebskosten im Rahmen einer Ausschreibung gesenkt werden können.

Kein Gesinnungswandel

In der zweiten Aprilwoche des Jahres 2003 tauscht DB Netz nachts notdürftig einige morsche Holzschwellen an den Weichen im Schnaittacher Bahnhof aus, damit die Strecke weiterhin befahrbar bleibt. Von Mai bis Juli 2003 erneuert DB Netz entlang der gesamten Strecke die Schienen.

Ein Bericht in der DB-Mitarbeiter-Zeitung *BahnZeit* vom Oktober 2003 über ein Treffen von 39 Fahrplanerstellern mit Bahnchef Hartmut Mehdorn in Berlin macht Hoffnung, dass die Ausweichstelle in Schnaittach erhalten bleiben kann: „Vielerorts fehle die Infrastruktur, um vernünftig planen zu können – so lautete die Klage vieler Mitarbeiter beim KompetenzTreff Ende September: ‚Überholgleise wurden abgebaut, Zugbildungsanlagen geschlossen.' (...) Mehdorn: ‚Wir haben viele Anlagen abgebaut, weil sie unproduktiv waren. Aber wir dürfen ein Mindestmaß an betrieblichen Ausweichmöglichkeiten nicht unterschreiten.' Es komme auf den Einzelfall an."

„Weichen falsch gestellt?"
Pegnitz-Zeitung, 21. November 2003

Ein Gesinnungswechsel bei der designierten Börsenbahn? Wir nehmen den Artikel zum Anlass und wenden uns mal wieder an die Politik: Herrn Landrat Helmut Reich, Schnaittachs Bürgermeister Georg Brandmüller und den Landtagsabgeordneten Kurt Eckstein. Letzterer schreibt an Staatsminister Dr. Wiesheu und bittet darum, den Weichenrückbau zu verhindern. Herr Eckstein erinnert daran, dass im April 1996 vereinbart wurde, dass kein Gleisrückbau vorgenommen wird: „Es ist nicht hinzunehmen, dass die Bahn scheibchenweise alle getroffenen Abmachungen unterläuft und einfach Tatsachen schafft."[47]

Das Ende des Schnaittacher Bahnhofs

Ohne Erfolg: Am 30. November 2003 werden die Weichen und am 27. März 2004 die Hebelbank des Stellwerks im Bahnhof Schnaittach abgebaut. Ende September 2008 wird das Kreuzungsgleis zwölf Jahre nach der letzten Zugfahrt herausgerissen. Kurioserweise hat DB Netz inzwischen das Problem behoben, das im Juni 1996 zur Einstellung des Begegnungsverkehrs führte: Seit dem Jahr 2006 ist die Schnaittachtalbahn nach dem Aufstellen von zwei Funkmasten in Speikern und Hedersdorf mit Zugfunk ausgerüstet. Scheiterte ein Halbstundentakt damals am Zugfunk, fehlt nun das Ausweichgleis.

Dennoch war unsere Initiative erfolgreich, wie DB Netz schreibt:

> *„Im Zuge des Weichenrückbaus 2003 wurde mit allen Beteiligten (Markt Schnaittach, BEG, Initiative Schnaittachtalbahn) vereinbart, dass eine Zugkreuzung im Bahnhof Schnaittach möglich bleiben sollte. Diese Vereinbarung wurde zur Auflage im Genehmigungsbescheid der Außenstelle Nürnberg des Eisenbahnbundesamtes. Nach der Rücknahme des bereits 1996 stillgelegten Gleises wird eine Veräußerungssperre bei DB Services Immobilien GmbH, Immobilienbüro Nürnberg, hinterlegt. Damit ist sichergestellt, dass die Grundfläche im DB Netz-Besitz verbleibt und die Kreuzungsmöglichkeit in Schnaittach auch zukünftig realisierbar ist.“[48]*

Übrigens: Den seit Juni 1996 bestehenden Ersatzbus für den gestrichenen Frühzug stellte der Landkreis im Dezember 2003 ein. Die Fahrgastzahlen im Bus waren rückläufig, denn immer mehr Reisende nutzten die schnellere Direktverbindung ab Simmelsdorf um 6:03 Uhr mit dem Zug. Dieser kam durch die Beschleunigung der Zugverbindung bei späterer Abfahrtsmöglichkeit zur selben Zeit in Nürnberg an.

Am 10. April 2008 ist rechterhand der 614 060 nach 36 Jahren Dienst in Nürnberg angekommen. Der Nachfolger 648 307 steht zur Ablösung bereit.

Wettbewerb belebt das Geschäft

Nach zähen Verhandlungen unterzeichnet der Freistaat Bayern mit der Deutschen Bahn im Spätherbst 2004 einen neuen bayernweit gültigen Verkehrsdurchführungsvertrag. Enthalten ist eine Regelung, nach der bis zum Jahr 2013 knapp ein Drittel der jährlich in Bayern gefahrenen Zugkilometer europaweit ausgeschrieben werden. Diese Möglichkeit nutzt die Bayerische Eisenbahngesellschaft und schreibt im März 2005 den Regionalzugverkehr im Nürnberger Dieselnetz im EU-Amtsblatt europaweit aus. Im Projekt enthalten ist die Bahnlinie Nürnberg–Neuhaus / Simmelsdorf. Wohlgemerkt: Es geht in der Ausschreibung nur um den Betreiber der Züge. Gleise und Bahnsteige werden weiterhin durch die Deutsche Bahn betrieben, die der zukünftige Betreiber gegen ein Entgelt nutzen muss.

Die Bayerische Eisenbahngesellschaft gibt in der Ausschreibung Mindeststandards vor, wie beispielsweise Fahrplan, Sitzplatzanzahl, Zahl der Zugbegleiter, Komfort, Pünktlichkeitsquote und Sauberkeit. Den Auftrag soll das Verkehrsunternehmen erhalten, welches das preislich und qualitativ beste Angebot abgibt. Den Fahrgästen werden ein attraktiveres Zugangebot, moderne Fahrzeuge und ein besserer Service versprochen.

And the winner is ...

Im November 2005 ist es amtlich: Die Bayerische Eisenbahngesellschaft gibt im Amtsblatt der Europäischen Union die Vergabe des Dieselnetzes Nürnberg bekannt: DB Regio gewinnt unter Leitung von Hilmar Laug mit seinem Team nach monatelanger Arbeit erstmals eine Ausschreibung in Bayern und wird ab Dezember 2008 weiterhin den Zugverkehr im Nürnberger Dieselnetz betreiben. Neue Züge vom Typ LINT 41 sollen die dann 36 Jahre alten Fahrzeuge der Baureihe 614 ersetzen. LINT steht für *Leichter Innovativer Nahverkehrs-Triebwagen* und 41 für die Fahrzeuglänge von 41 Metern. Weil die Einheiten nur noch halb so groß sind, kann die Sitzplatzzahl besser als bisher den Fahrgastzahlen angepasst werden. Im Berufs- und Schülerverkehr sind bis zu drei Einheiten miteinander kuppelbar. Die Triebwagen sind als reine Nichtraucherfahrzeuge ohne erste Wagenklasse konzipiert. Am 20. Dezember 2007 treffen die ersten beiden neuen Fahrzeuge für die Mittelfrankenbahn – so der Markenname für das Ausschreibungsprojekt Nürnberger Dieselnetz – in Nürnberg ein.

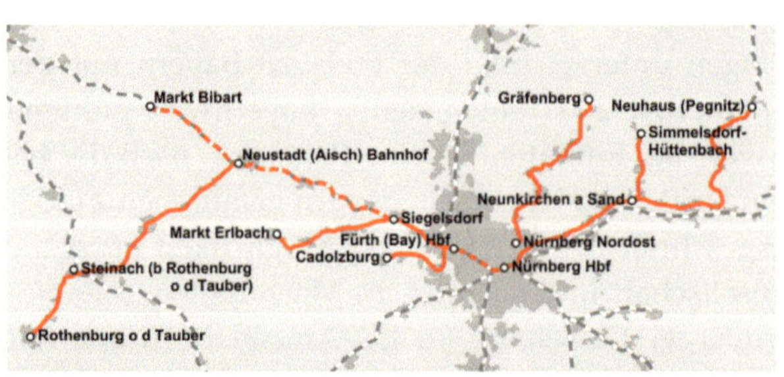

Die ausgeschriebenen Strecken im Dieselnetz Nürnberg

Quelle: Michael Heimerl [72]

Die Jungfernfahrt der neuen Schnaittachtalbahn verlässt am 11. Januar 2008 den Nürnberger Hauptbahnhof.

Neue Züge auf alten Gleisen

Es ist Freitag, der 11. Januar 2008. Ich habe mir den Vormittag kurzfristig im Büro freigenommen und stehe unruhig mit meinem Fotoapparat auf Gleis 19 im Nürnberger Hauptbahnhof. Das Eisenbahnforum Nordostbayern hat eine Premiere verkündet: Heute soll zur Personalschulung der reguläre Triebwagen der Baureihe 614 durch einen LINT ersetzt werden – noch vor der offiziellen Pressefahrt, die zwölf Tage später von Nürnberg nach Hersbruck rechts der Pegnitz und zurück stattfindet. Die erste Tour soll von Nürnberg nach Neuhaus gehen, die zweite nach Simmelsdorf und die dritte nochmals nach Neuhaus. Zehn Uhr, die Spannung steigt. Um 10:03 Uhr soll auf Gleis 20 die erste Runde mit der Regionalbahn aus Neuhaus enden. Endlich kommen die beiden modernen Triebwagen um die Ecke. Planmäßig wendet diese Garnitur auf die Regionalbahn nach Simmelsdorf. Doch auf dem Zugzielanzeiger am Bahnsteig steht „aus Neuhaus (Peg) Bitte nicht einsteigen! Dieser Zug endet hier". Gab es Probleme bei der

„Neue Ära für die Schnaittachtalbahn"
Pegnitz-Zeitung, 16. Januar 2008

ersten Fahrt? Fällt die Premierenfahrt nach Simmelsdorf aus? Nein! Die Anzeige am Fahrzeug wechselt auf „RB Simmelsd-Hütten", was wohl „Simmelsdorf-Hüttenbach" heißen soll. Ich steige ein, mache ein paar Fotos vom Innenraum und stehe gebannt hinter der Glastür zum Führerstand. Das Ausfahrsignal zeigt ein grünes und ein gelbes Licht: Ausfahrt frei! Pünktlich um 10:20 Uhr beginnt die Jungfernfahrt der modernen Schnaittachtalbahn. Nach einem kurzen Halt am Ostbahnhof beschleunigen die spurtstarken Dieselmotoren den Zug auf seine Höchstgeschwindigkeit von 120 Kilometern pro Stunde. „Nächster Halt: Lauf (re. Peg.)" steht auf den Anzeigen im Fahrgastraum. Wir rauschen durch Erlenstegen, Behringersdorf, Rückersdorf und Ludwigshöhe. Nach Halt an allen Stationen ab Lauf erreicht um 10:54 Uhr mit 648 302/802 und 648 304/804 erstmals ein moderner, spurtstarker und niederfluriger Dieseltriebwagen den Bahnhof Simmelsdorf. Ein Traum ist wahr geworden: Auf der Schnaittachtalbahn hat eine neue Ära begonnen!

Verrottete Bahnhöfe

Bis Spätsommer 2008 liefert Alstom in Salzgitter insgesamt 27 Fahrzeuge zum Einzelpreis von 2,5 Millionen Euro aus. Die Pegnitz- und Schnaittachtalbahn sind die ersten beiden Strecken im Nürnberger Dieselnetz, die auf die neuen Fahrzeuge umgestellt werden. Der Grund: Da beide Linien am Werkstattstandort Nürnberg enden, können Fahrzeuge bei Kinderkrankheiten schnell getauscht werden. Während immer mehr neue Fahrzeuge die alten Züge auf der Schnaittachtalbahn ersetzen, wird der Kontrast zur verwahrlosten Infrastruktur immer deutlicher.

Moderne Fahrzeuge und verwahrloste Stationen:
1. Die Jungfernfahrt in Simmelsdorf, 2. Simmelsdorf, 3. Hedersdorf, 4. Speikern,
5. Hedersdorf, 6. Schnaittach (Foto: Klaus Fleischmann), 7. Schnaittach

Der SPD-Landtagsabgeordnete Dr. Thomas Beyer wendet sich wegen des schlechten Zustands der Stationen der Schnaittachtalbahn an das Bayerische Staatsministerium für Wirtschaft, Infrastruktur, Verkehr und Technologie. Er kritisiert auch, dass die Stationen nicht mit Uhren und Lautsprechern ausgestattet sind und Fahrgäste bei Zugausfällen und Verspätungen keine Informationen erhalten.

Staatsministerin Emilia Müller antwortet:

> *„Wir stimmen Ihnen zu, dass der aktuelle Zustand der Stationen in keiner Relation zu dem ab Dezember im Rahmen des Ausschreibungsprojekts Nürnberger Dieselnetz durchgängig eingesetzten, neuen Fahrzeugmaterial steht.*
>
> *Unserer Kenntnis nach waren die Stationen der Schnaittachtalbahn in der Vergangenheit weder mit Uhren noch mit Lautsprechern ausgerüstet, so dass hier keine Verschlechterungen gegenüber dem heutigen Zustand gegeben wären. Der Konzernbevollmächtigte der DB AG, Herr Josel, hat Sie (...) bereits in Kenntnis gesetzt, dass insbesondere für die Belange des Schülerverkehrs eine spezielle Meldeschiene zur Information über Verspätungen im Zugverkehr aufgebaut wurde." (...)*

Die „spezielle Meldeschiene" sieht im Zeitalter von Internet und Mobilfunk so aus, dass ein Mitarbeiter der Gemeinde zum Bahnhof fährt und die Fahrgäste über die Zugverspätung informiert.

> *„Sie sind der Ansicht, dass die Staatsregierung durch die Bestellung von SPNV-Leistungen auch Einfluss auf die Entwicklung der Stationsinfrastruktur nehmen könne. Das trifft nicht zu. Mit der DB Station&Service AG, der die Bahnhofsanlagen gehören, haben wir keine unmittelbaren Vertragsbeziehungen. Vielmehr ist es die Sache des Bundes, für die Verbesserung der Bahnhöfe Fördermittel bereitzustellen, was auch geschieht, aber nicht im notwendigen Umfang."[49]*

Herr Dr. Beyer schreibt zurück:

> *„So begrüßenswert es ist, wenn Sie meine Kritik am unzumutbaren Zustand der Infrastruktur teilen, so muss es überraschen, dass das Bayerische Verkehrsministerium ersichtlich keinerlei Aktivitäten zur Behebung dieses Zustandes zu unternehmen gedenkt. Dies*

bedeutet aber, dass Ihr Haus sehenden Auges das Ende der Schnaittachtalbahn in Kauf nimmt.

Dass die Stationen der Schnaittachtalbahn auch in der Vergangenheit weder mit Uhren noch mit Lautsprecheranlagen ausgerüstet sein sollen, behauptet nicht einmal die Deutsche Bahn AG. Auch entspricht dies weder den mir mitgeteilten örtlichen Erfahrungen noch der verstärkt aus Kreisen der Bahnkunden geführten Klage, dass diese für einen halbwegs modernen Bahnverkehr selbstverständlichen Errungenschaften jetzt nicht mehr zur Verfügung stehen.“ (...)

„Ich bitte im Interesse der Bevölkerung um eine klare Ansage darüber, ob die Bayerische Staatsregierung am dauerhaften Weiterbetrieb der Schnaittachtalbahn interessiert ist und sich hierfür einsetzt oder nicht.“ (...)

„Es ist für die betroffenen Bahnkunden nicht länger hinnehmbar, dass der Freistaat Bayern sich zwar einerseits mit den Errungenschaften des Bayerntaktes rühmt, diesen aus den jährlich vom Bund in Milliardenhöhe überwiesenen Regionalisierungsmitteln finanziert, andererseits aber in Bayern sich niemand mehr um die nicht nur auf der Schnaittachtalbahn teilweise verrottende Infrastruktur der Bahnhöfe zu kümmern scheint.“ (...)[50]

Ein moderner Triebwagen wird auf den Namen „Schnaittachtal" getauft.
Foto: Anton Hensel

Eine Vision wird Wirklichkeit

Unterdessen wirft der neue Fahrplan sein Licht voraus: Die neuen Trieb-
züge sollen montags bis samstags von 5 bis 20 Uhr sowie sonn- und feier-
tags von 6 bis 20 Uhr im Stundentakt zwischen Simmelsdorf und Nürnberg fahren, wodurch sich die Fahrzeiten deutlich verkürzen werden und
das lästige Umsteigen zu den Hauptreisezielen Lauf und Nürnberg entfällt – auch am Wochenende. In Neunkirchen wird bei fast allen Fahrten
ein guter Anschluss von und nach Hersbruck bestehen. Zwei neue Spät-

züge ab Nürnberg um 22:15 und 00:15 Uhr sowie ab Simmelsdorf um 22:04 und 00:08 Uhr bringen die Fahrgäste von Kino, Theater, Oper oder Kneipenbesuchen wieder nach Hause. Damit wird das Zugangebot so gut wie nie zuvor.

Ein großes Fest

So ein Erfolg muss natürlich gebührend gefeiert werden. Zeitgleich zum Schnaittacher Herbstmarkt mit verkaufsoffenem Sonntag und im Vorgriff auf den in zwei Monaten bevorstehenden Fahrplanwechsel organisieren wir für Sonntag, den 12. Oktober 2008, ein großes Fest. Wir wollen einen modernen Triebwagen der Mittelfrankenbahn präsentieren und werbewirksam auf den Namen der Marktgemeinde Schnaittach taufen. Als Attraktion und Kontrast zur modernen Bahn soll ein Dampfzug fahren. Es ist die letzte Möglichkeit. Wenn ab Dezember die Schnaittachtalbahn am Wochenende stündlich fährt, gibt es keine Lücken mehr für Sonderfahrten im Fahrplan.

Wir tüfteln ein Veranstaltungskonzept aus, chartern einen Dampfsonderzug bei der Fränkischen Museumseisenbahn und entscheiden, dass der Zug gegen 10 Uhr in Nürnberg starten soll, um Gäste nach Schnaittach zu bringen. Während der Dampfzug um die Mittagszeit zurück nach Nürnberg fährt, soll ein Fahrzeug der Mittelfrankenbahn auf den Namen „Markt Schnaittach" getauft werden. Nachmittags soll der Dampfzug nochmals in Nürnberg starten und weitere Gäste zum Herbstmarkt bringen.

„Zum vorerst letzten Mal"
Flyer *Dampfzugfahrten auf der Schnaittachtalbahn*

Erstmals führen wir eine Veranstaltung dieser Größe auf eigenes wirtschaftliches Risiko durch und können sie nur durch großzügige Spenden der Gemeinden Schnaittach, Neunkirchen und Simmelsdorf, der Sparkasse Nürnberg, der Werbegemeinschaft Schnaittach und des Landkreises finanzieren. Bedingung der Gemeinden Neunkirchen und Simmelsdorf ist dabei, dass das Fahrzeug auf den Namen „Schnaittachtal" getauft wird. Woraufhin Herr Fellner, Leiter Marketing bei DB Regio, ohne jegliche Begehrlichkeiten unsererseits von sich aus einen Taufnamen „Schnaittachtalbahn" ausschließt und energisch *seine* Marke „Mittelfrankenbahn" verteidigt …

Der Dampfzug wartet in Schnaittach auf die Weiterfahrt nach Simmelsdorf.
Foto: Anton Hensel

Gekappte Gleise: Da die Dampflok in Simmelsdorf nicht umrangiert werden kann, zieht die Diesellok V60 11011 den Zug bis Nürnberg zurück.

Das Patenkind trifft ein

Zur Mittagszeit trifft der Triebwagen 648 303/803, beklebt mit den Wappen der drei Gemeinden, als Sonderfahrt von Nürnberg mit Ehrengästen in Schnaittach ein. Bürgermeister Georg Brandmüller begrüßt die anwesenden Gäste auch für die beteiligten Gemeinden Simmelsdorf und Neunkirchen. Nach der Übergabe eines symbolischen Schecks durch die Sparkasse Nürnberg spreche ich am Rednerpult ein kurzes Grußwort und halte das IGSBnebenbahnkonzept in die Luft:

„Als wir im Jahr 1998 dieses Konzept hier vorgestellt haben und gefordert haben, wir möchten hier durchgehende Züge nach Nürnberg im Stundentakt ohne Umsteigen täglich auch am Wochenende bis spätabends, sind wir im Prinzip für verrückt erklärt worden. Es hieß, dass das nicht sinnvoll sei, nicht realisierbar und wortwörtlich – völlig utopisch. Doch unsere Utopie ist Wirklichkeit geworden: Die modernen Züge der Mittelfrankenbahn werden ab Dezember 2008 stündlich ohne Umsteigen zwischen Nürnberg und Simmelsdorf verkehren – täglich, auch am Wochenende ohne Umsteigen. Damit wird das Zugangebot auf der Schnaittachtalbahn so gut wie nie zuvor."

Die Besucher applaudieren. Ich fahre fort:

„Mit den neuen Fahrzeugen und dem Stundentakt am Wochenende wird ein weiterer Baustein aus unserem Konzept realisiert. Ich freue mich sehr, dass wir das Ganze heute mit einer Fahrzeugtaufe und Dampfzugfahrten feiern können. Durch die höhere Zugfrequenz erhalten DB Netz und DB Station&Service mehr Einnahmen für die Nutzung der Infrastruktur. Wir erwarten jetzt, dass

> *„Damit wird das Zugangebot (…) so gut wie nie zuvor"*
> Dominik Sommerer, IG Schnaittachtalbahn e.V.

als Nächstes dieses Geld wieder zurück in die Infrastruktur der Schnaittachtalbahn fließt und nicht in irgendwelchen Großprojekten in Hauptbahnhöfen oder so versickert, sondern hier in der Region verbleibt. In Bahnhöfen, die dazu einladen statt abzuschrecken, mit der Eisenbahn zu fahren, und in Bahnhöfen, die im In-

formationszeitalter auch mit Lautsprecheranlagen ausgestattet sind und in Schienenwegen, die eine zeitgemäße Höchstgeschwindigkeit zulassen, ohne Langsamfahrstellen."

Knallharte Sektflasche

Pfarrer Eisend zeigt eine humorvolle Seite, um die Segnung des Zuges im straffen Programm vorzunehmen:

„Laut Fahrplan habe ich nur fünf Minuten Zeit. Da tue ich mich schwer. Ich habe schon überlegt, ob ich die Predigt weglasse oder das Weihwasser. Was ist euch denn lieber?", fragt er unter dem Lachen der Schnaittacher.

Der stellvertretende Landrat Hans-Joachim Dobbert lobt unser Engagement mit den Worten: „Ihr macht eine

> *„Ihr macht eine hervorragende Arbeit seit Jahren"*
> Hans-Joachim Dobbert, stellvertretender Landrat

hervorragende Arbeit seit vielen Jahren. (…) Das kann nicht genug gewürdigt werden." Er bittet den technischen Geschäftsleiter von DB Regio Mittelfranken, Herrn Laug, darum, bei Bedarf noch einen dritten Wagen anzuhängen, „damit alle Fahrgäste Sitzplätze bekommen und die Zustände der Vergangenheit angehören, über die täglich im Landratsamt und sicher auch bei den Gemeinden momentan Beschwerden eingehen".

Hilmar Laug verweist in seiner Rede auf die begrenzten Regionalisierungsmittel, die der Freistaat Bayern vom Bund bekommt, und lobt, dass es der Bayerischen Eisenbahngesellschaft trotzdem gelungen ist, ein deutlich ausgeweitetes Zugangebot zu bestellen. Das Angebot sei knapp kalkuliert und DB Regio befände sich in einem knallharten Wettbewerb. Längere Züge scheitern an den zu kurzen Bahnsteigen: „In der Ausschreibung damals war eigentlich vorgesehen vom Freistaat (…) auch hier Geld zu investieren, um die Stationen auf einen besseren Standard zu bringen. Das ist nach der Ausschreibung leider wieder verworfen worden." Sorgen macht er sich über den Vandalismus an den Bahnsteigen und in den neuen Zügen und fordert die Bevölkerung auf, die Augen offen zu halten und Vorkommnisse der Polizei zu melden.

Es bilden sich fragende Gesichter bei den Anwesenden, wie denn nun die Zeremonie der Zugtaufe ablaufen soll. Die Flasche Sekt, gegen den Zug geschleudert, würde unweigerlich die schöne Front aus glasfaserverstärktem Kunststoff beschädigen. Herr Fellner, Leiter Marketing bei DB Regio Mittelfranken, verrät schmunzelnd die Lösung: „Ich würde sagen, wir schütten den Sekt so ein bisschen gegen den Zug. Bitte den Zug nicht ganz beschädigen, weil wir brauchen ihn noch."

Bürgermeister Georg Brandmüller spricht die Worte „Wir taufen jetzt diesen neuen Triebwagen auf den Namen ‚Schnaittachtal' und wünschen allen Gästen und allen, die damit zu tun haben, allseits glückliche und unfallfreie Fahrt", worauf die mit roten

„Auf die Schnaittachtalbahn!"
Georg Brandmüller, Bürgermeister von Schnaittach

Mützen und grünen Kellen ausgestatteten Ehrengäste den Triebwagen vorsichtig mit Sekt begießen und gemeinsam „auf die Schnaittachtalbahn" anstoßen.

Eine ganz neue Variante von Rotkäppchen-Sekt ...
Foto: Anton Hensel ▶

REGIO DB
Mittelfrankenbahn

Der Bauzustand in Simmelsdorf am 13. August 2009: Da in den Sommerferien nur Kurzzüge fahren, werden die Bahnsteige bei laufendem Betrieb erneuert.
Foto: Klaus Fleischmann

Bahnsteig gut, alles gut

Fahrplan gut, alles gut? Nicht ganz. Denn da ist noch eine Sache: Im Jahr 2009 gelingt es dem SPD-Landtagsabgeordneten Dr. Thomas Beyer, dass die Schnaittachtalbahn als einzige Strecke in Mittelfranken in das Konjunkturpaket II aufgenommen wird. Während der Sommerferien werden die Bahnsteige in Simmelsdorf, Hedersdorf und Rollhofen abschnittsweise gesperrt und Stück für Stück umgebaut. Schnaittach folgt im Mai 2010. In Speikern wird der bestehende Bahnsteig verlängert.

Drei Triebwagen passen an die neuen gepflasterten Bahnsteige mit Blindenleit-streifen – genügend Sitzplätze für den Pendlerzug um 6:58 Uhr ab Simmelsdorf.

Sie werden erhöht, damit die Fahrgäste – wie hier in Simmelsdorf – stufenlos in die Fahrzeuge der Mittelfrankenbahn einsteigen können. Die Schnaittachtalbahn wird barrierefrei, ein Standard, der früher nur bei U- und S-Bahnen üblich war.

Gläserne Wartehäuschen, wie hier in Rollhofen, bieten Schutz vor Wind und Wetter. Der digitale Schriftanzeiger informiert bei Zugverspätungen und -ausfällen.

Am 12. September 2010 feiert Schnaittach seinen neuen Bahnsteig: Eine Blaskapelle spielt, es gibt Bratwürste vom Grill und Ansprachen von Bürgermeister Brandmüller, IGSB-Vorstand Andreas Loos und MdL Dr. Thomas Beyer.

Herr Dr. Beyer berichtet, was letztlich dazu führte, dass die Schnaittachtalbahn ins Konjunkturpaket II aufgenommen wurde:

> *„Wegen des mangelnden Interesses des Ministeriums hatte ich mich erfolgreich selbst bemüht, dass eine Delegation aus verschiedenen Bereichen des DB-Konzerns an die Strecke kam, um sich ein Bild zu machen. Wir starteten ab Lauf. Auf der Strecke wurde immer wieder versucht, die Probleme kleinzureden. Auch der chaotische Zustand des Endbahnhofs Simmelsdorf-Hüttenbach wurde schöngeredet. Auf der Rückfahrt stiegen wir in Schnaittach aus, wo sich eine Besprechung im Rathaus mit der Kommunalpolitik anschließen sollte. Der verfallende Bahnhof und der arg heruntergekommene Bahnsteig blieben bei der Delegation schon nicht ohne Eindruck. Ich versammelte die Herren im verschmierten und nach Urin stinkenden alten Betonwartehäuschen und fragte, ob dass allen Ernstes für die Zukunft ihr Angebot an die Kunden sein solle. Den Vertretern war das ,Ambiente' sichtlich unangenehm. Einer der Herren, ich denke wohl ein Vertreter von DB Netz, meinte dann schließlich, man müsse da wohl doch was machen …“*

Stabwechsel

Als neuen „Lokführer" der Interessengemeinschaft Schnaittachtalbahn wählen die Mitglieder im Dezember 2008 auf der Jahreshauptversammlung Andreas Loos. Stellvertreter bleibt der seit 2004 amtierende Markus Fromme. Ich kandidiere nach zehn Jahren aus zwei Gründen nicht mehr als Vorsitzender: Erstens fehlt mir die Nähe zum Geschehen vor Ort, da ich ab dem Jahr 2004 in Nürnberg wohne. Zweitens haben wir das oberste Ziel unserer Vereinssatzung erreicht: „Erhalt, Ausbau und Steigerung der Attraktivität der Bahnlinie Simmelsdorf/Hüttenbach – Neunkirchen am Sand".

Der aktuelle Fahrplan war durch den laufenden Verkehrsvertrag zwischen der Bayerischen Eisenbahngesellschaft und DB Regio mindestens bis Dezember 2018 (inzwischen bis 2031) gesichert. Für die Zeit danach gibt es Untersuchungen für eine Aufwertung zur S-Bahn-Strecke. Damit war irgendwie die Luft raus. Ich will nicht nur gesellige Vereinsstammtische verwalten, sondern etwas bewegen und gestalten. Auch wenn es *nur* eine Weiche ist, die einmal pro Stunde umgestellt wird …

Gute Öffentlichkeitsarbeit ist der Schlüssel für erfolgreiche Lobbyarbeit: Der Autor hält bei der Zugtaufe in Schnaittach eine kurze Ansprache.   Foto: Anton Hensel

Der Weg zum Erfolg: Wie Vereins- und Lobbyarbeit funktioniert

Dank unserer Bemühungen hat sich die Schnaittachtalbahn von einer bedrohten Bimmelbahn zu einer modernen Regionalbahnlinie entwickelt. Doch wie funktioniert eigentlich erfolgreiche Vereins- und Lobbyarbeit? Erst zum Ende meines Engagements bei der Interessengemeinschaft Schnaittachtalbahn im Jahr 2008 habe ich viele Bücher und Seminare über

Führung, Erfolgspsychologie, Motivation und Ziele gelesen und besucht. Und festgestellt, dass ich intuitiv alles richtig gemacht habe: Ich folgte meiner Leidenschaft, hatte eine Vision, habe Ziele visualisiert, kleine Schritte gemacht und war beharrlich. Erfolgreiche Vereins- und Lobbyarbeit basiert meiner Erfahrung nach auf vier Säulen: einem klaren Ziel, guter Öffentlichkeitsarbeit, effektiver Arbeit und einem professionellen Auftritt.

1. Ein klares Ziel

Wichtig ist die Fokussierung auf ein großes Ziel ohne Varianten und Alternativen. Unser Hauptziel waren täglich stündliche Direktverbindungen zwischen Simmelsdorf und Nürnberg ohne Halt zwischen Lauf und Nürnberg. Als wir dieses Ziel für montags bis freitags erreicht hatten, wollten wir auch am Wochenende durchgehende Züge nach Nürnberg haben.

Um Trassenkosten zu sparen, entwickelten wir unseren größten Fehler: Plan B. Wir schlugen als Kompromiss vor, dass zwei Fahrzeuge zwischen Nürnberg und Lauf bzw. Neunkirchen gekuppelt fahren und dort Richtung Neuhaus und Simmelsdorf geteilt werden. Die Folge: Wir haben am Wochenende Plan B bekommen. Durchgehende Züge zwischen Simmelsdorf und Nürnberg, jedoch mit Halt an allen Stationen. DB Netz passte den Bahnhof Neunkirchen dazu signaltechnisch nur minimal an, weshalb das Kuppeln der Züge aus Neuhaus und Simmelsdorf mit neun Minuten dreimal so lange dauert wie das Umsteigen. Der Fahrplan der Schnaittachtalbahn war von den Fahrzeiten des Zugteils nach Neuhaus abhängig, was ab Dezember 2014 zu Standzeiten von einer Viertelstunde führte. Im Dezember 2015 hat die Bayerische Eisenbahngesellschaft die durchgehenden Züge am Wochenende zwischen Nürnberg und Simmelsdorf wieder gestrichen, weil das Kuppeln in Neunkirchen nicht mehr in das Fahrplangefüge zwischen Nürnberg und Neuhaus passt.

Fazit: Schon John F. Kennedy sagte: „Wenn man einmal im Leben mit dem Zweitbesten vorliebnimmt, dann erreicht man immer wieder nur das Zweitbeste." Bleiben Sie bei Plan A und versuchen Sie lieber, diesen schrittweise mit der Salami-Taktik durchzusetzen.

2. Gute Öffentlichkeitsarbeit

Die Arbeit von Bürgerinitiativen besteht in erster Linie aus Öffentlichkeitsarbeit. Ständige Wiederholung und eine Präsenz auf allen Kanälen sind dabei sehr wichtig. Angefangen haben wir damit, Leserbriefe und später Pressemitteilungen in den lokalen Tageszeitungen zu schreiben. Wenn Sie diese objektiv, knackig, interessant und aktuell schreiben, besteht eine große Chance, dass diese eins zu eins abgedruckt werden. Den Vereinskalender der Lokalzeitung nutzten wir, um Termine anzukündigen.

Nachdem eine ruhigere Phase einsetzte und seltener über uns in der Zeitung berichtet wurde, fragten uns einige Mitglieder: „Gibt es euch eigentlich noch?" Unser Rundschreiben IGSBinfopost war geboren. Etwa zwei- bis viermal pro Jahr informierten wir per Post und E-Mail unsere Mitglieder über Aktuelles aus dem Vereinsleben, über die Schnaittachtalbahn sowie Verkehrspolitik. In der Rubrik „Beispiele, die Wege zeigen" berichteten wir über vorbildliche Nahverkehrsprojekte. Zum Fahrplanwechsel fügten wir den neuen Taschenfahrplan der Schnaittachtalbahn und eine Übersicht aller Änderungen bei. Das kostet alles nicht viel Geld und kommt sehr gut an. Später haben wir die IGSBinfopost auch personalisiert an Führungskräfte in Verkehrsunternehmen, Aufgabenträger und Politiker versandt, um diese direkt zu informieren und natürlich in unserem Sinne positiv zu beeinflussen. Der Zusatzaufwand beschränkte sich auf Papier und Porto, der größte Aufwand – das Schreiben – war ja bereits erledigt. Zeitgemäßer ist heute sicher eine Mischung aus Newsletter, Blog mit RSS-Feed und einem Magazin (digital und / oder analog).

DB Station&Service ermöglichte uns eine Zeit lang, Aushänge in den Schaukästen an den Stationen der Schnaittachtalbahn anzubringen. Als dies nicht mehr geduldet wurde, haben wir an den Bahnhöfen Neunkirchen und Schnaittach eigene Infokästen aufgestellt, quasi eine analoge Homepage.

Im Internet waren wir recht früh mit einer eigenen Internetseite vertreten. Wenn ich Homepage schreibe, meine ich eine eigene *Home*page auf einem eigenen Server und eigener Domain. Ich erlebe immer wieder, dass Vereine aus Bequemlichkeit lediglich – scheinbar kostenlose – Social-Media-Plattformen, wie beispielsweise Facebook, nutzen. Der Preis der Abhängigkeit von fremden Plattformen ist hoch. Ich halte auch nichts von exklusiven Inhalten, weil dies über den Gruppenzwang nur Facebook oder Twitter zu gute kommt. Machen Sie es wie ein Staat: Die eigene Internetseite (*Home*page) ist Ihr Zuhause und bildet Ihre Aktivität komplett ab. Externe Social-Media-Dienste wie beispielsweise WhatsApp, RSS-Feed, Facebook, Twitter und Instagramm nutzen Sie als „Botschafter".

Bieten Sie auf Ihrer Internetseite mehr als eine reine Selbstdarstellung, sondern auch nützliche Gratis-Infos. Bei uns waren das Informationen zu Streckengeschichte, Sehenswürdigkeiten sowie Ausflugs- und Wandertipps entlang der Bahnlinie. Wir haben Informationen der Verkehrsunternehmen wie Fahrplanauskunft, Tabellenfahrplan und Aushangfahrplan kundenfreundlich dargestellt und einen Wegweiser durch den Tarifdschungel angeboten. Unter www.schnaittachtalbahn.de konnten Bahnfahrer eine Strecke anklicken, bekamen einen Preisvergleich über alle Fahrkartenangebote für diese Verbindung angezeigt und konnten die für sie günstigste Fahrkarte auswählen. Natürlich haben wir verraten, welche Taste man am Automaten drücken muss und welche Münzen, Scheine und Karten dieser ab welchen Mindestbeträgen annimmt. Informationen, die Fahrgäste bei Verkehrsunternehmen oft vergeblich suchen, denen scheinbar manchmal immer noch das Verständnis für die Bedürfnisse der eigenen Kunden fehlt.

Fazit: Schon in der Bibel steht: „Man zündet auch nicht ein Licht an und setzt es unter einen Scheffel, sondern auf einen Leuchter. So lasst euer Licht leuchten vor den Leuten." Also: Zeigen Sie sich und bieten Sie wertvolle Gratisdienste.

In unserem Schaukasten in Neunkirchen hängen die IGSBinfpost und Werbung für die nächste Veranstaltung.

3. Effektive Arbeit

Vielleicht fragen Sie sich nun: „Wann sollen wir das alles machen und vor allem die ganzen Informationen schreiben?" Die Frage ist berechtigt und wahrscheinlich haben Sie die Erfahrung gemacht, dass ehrenamtliche Arbeit begrenzte Ressourcen hat. Es gibt in der Regel einen konstanten harten Kern von einer Handvoll aktiven Mitgliedern. Der Rest der Mitglieder sind passive Beitragszahler. Deshalb ist es wichtig, dass die wenigen Aktiven sich auf die inhaltliche Arbeit konzentrieren, statt Briefe zu falten und Briefmarken aufzukleben.

Das Geheimnis der Öffentlichkeitsarbeit besteht darin, einen Text zu schreiben und ihn mehrmals zu verwenden: für Pressemitteilung, Mitteilungsblätter der Gemeinden, Newsletter, Rundschreiben, Homepage und Fachzeitschriften. Sie haben recht: Sie müssen für eine Tageszeitung anders schreiben als für eine Eisenbahnfachzeitschrift. Die Lösung: Schreiben Sie generell in einer einfachen Sprache und in Textbausteinen, also so, dass Sie einzelne Sätze oder Absätze bei Bedarf weglassen oder hinzufügen können. Positiver Nebeneffekt ist, dass Ihre Texte durch diesen Schreibstil eine sehr klare Struktur erhalten. Inhalte brauchen Sie so nur einmal produzieren.

Ausgliederung und Delegation von Aufgaben sind nicht nur in Unternehmen, sondern gerade in der Vereinsarbeit wichtig. Beispiel: Wir haben anfangs unser Rundschreiben IGSBinfopost persönlich in allen drei Gemeinden durch Mitglieder verteilen lassen. Das hat nie so richtig funktioniert. Beispielsweise haben die Mitglieder unser Rundschreiben IGSBinfopost immer zeitversetzt und manchmal erst nach Veranstaltungen erhalten. Zur Postfiliale musste trotzdem jemand gehen, weil wir einige Mitglieder im größeren Umkreis haben. Irgendwann haben wir alle Briefe über die Post versandt. Viele aktive Vorstandsmitglieder haben Hemmungen, dafür Mitgliedsbeiträge auszugeben und wundern sich gleichzeitig, dass sich bei der Vorstandswahl niemand meldet. Vielen Mitgliedern sind Beruf, Kinder, Mann und Frau wichtiger als der Verein.

Fazit: Der Ökonom Peter Drucker rät: „Do what you can do best and outsource the rest." Zu deutsch: Tun Sie das selbst, was niemand so gut kann wie Sie oder Ihre Mitglieder und gliedern Sie, wenn möglich, die anderen Aufgaben aus. Passive Beitragszahler finden Sie einfacher als aktive Mitglieder.

4. Professioneller Auftritt

Um ernst genommen zu werden, ist eine professionelle und ausdauernde Vereinsarbeit wichtig. Dabei habe ich mir viel von großen Unternehmen abgeschaut. Zu einem professionellen Auftritt zählen für mich ein gut gestalteter Außenauftritt, bestehend aus einem Logo, festgelegten Schriftarten und einem einheitlichen Briefkopf. Die einheitliche Gestaltung muss sich komplett vom Briefpapier über Pressemeldungen, Internetseite, Visitenkarte, Flyer und Namensschilder durchziehen, damit Ihr Verein professionell wahrgenommen wird.

Dazu zählt eine einprägsame Internetadresse, weshalb ich die Internetseite von www.nbg-land.com/igsb auf www.schnaittachtalbahn.de umgezogen habe. Dazu gehören einheitliche E-Mail-Adressen für den Vorstand im Format vorname.nachname@schnaittachtalbahn.de, weil ich finde, dass E-Mail-Adressen wie pufferkuesser@gmx.de einfach unprofessionell wirken. Gelegentlich sehe ich sogar, dass Firmenadressen für Vereinszwecke „missbraucht" werden. Wie seriös und unabhängig wirkt ein Verein, wenn jemand eine E-Mail-Adresse mit der Endung „@bahn.de" benutzt?

Bei der Postanschrift habe ich einen zusätzlichen Aufkleber auf meinem Briefkasten angebracht und konnte dadurch bei der Vereinsadresse auf den Zusatz „% Dominik Sommerer" verzichten. Auch das wirkt professionell.

Und noch ein besonderer Tipp für die Männer: Ziehen Sie sich bitte ordentlich an, wenn Sie sich als Vertreter Ihrer Bürgerinitiative mit Politikern oder Geschäftsführern treffen. Mindeststandard sind schwarze Schuhe, lange dunkle Hose, unifarbenes Hemd und ggf. Jackett.

Fazit: Steve Jobs von Apple sagte einst: „Das einzige Problem an Microsoft ist, dass sie keinen Geschmack haben. Sie haben überhaupt keinen Geschmack." Achten Sie auf Ihren Auftritt, beschäftigen Sie sich mit Design und geben Sie Ihrem Verein einen unverwechselbaren Stil.

Ach ja: Gute persönliche Kontakte sind durch nichts zu ersetzen. Schauen Sie weniger auf Ihr Smartphone, schreiben Sie weniger E-Mails und WhatsApp. Treffen Sie sich persönlich oder telefonieren Sie. Das wirkt oft Wunder.

Am 5. Juli 2011 wird 648 827 auf dem Weg von Nürnberg nach Simmelsdorf gleich Hedersdorf erreichen. Hoch über dem Tal thront die Festung Rothenberg.

Bonusteil

Außer Betrieb: Manchmal verschont ein defekter Automat – wie hier in Simmelsdorf im März 1998 – die Fahrgäste vor dem Tarifdschungel …

Ich bin ein Fahrgast – holt mich hier raus!

Ein Sprichwort sagt, dass die Logik dort aufhört, wo das Preissystem der
Bahn beginnt. Dass der Tarifdschungel „Zugangshemmnis Nummer
eins" ist, weiß sogar der Präsident des Verbandes Deutscher Verkehrsunternehmen.[51] Handlungsbedarf sehen die Verkehrsunternehmen und
Verkehrsverbünde allerdings scheinbar nicht, wie folgende Geschichte
zeigt. „Neu, rot, schnell und 24 Stunden für Sie da", lautet im August
1998 die Werbung in einer DB-Broschüre für neue Fahrkartenautomaten.

Sie sollen nicht nur die alten orangefarbenen Geräte, sondern auch die persönliche Betreuung ersetzen. Die Deutsche Bahn AG kündigt die Verträge mit den Fahrkartenagenturen in Schnaittach und Neunkirchen am Sand. In Zeitschriftenläden und Supermärkten konnten sich Kunden bisher persönlich beraten lassen und Fahrkarten kaufen.

Wir wollen verhindern, dass zusätzliche Hemmschwellen geschaffen werden, um die Schnaittachtalbahn zu nutzen, und schreiben einen Brief an den Verkehrsverbund Großraum Nürnberg (VGN). Dieser begründet den Schritt damit, dass für die kleinen Agenturen ein spezielles Verkaufssystem vorgehalten wurde, das nun aus Rationalisierungsgründen abgeschafft werde.[52] Das bei der Deutschen Bahn verwendete Standardsystem Kurs 90 lohne sich aufgrund der teuren Softwarelizenz für kleine Verkaufsstellen nicht: „Nach der erläuterten Konzeption fallen also kleinere Verkaufsstellen aus dem Vertriebswegenetz der DB AG",[52] stellt der VGN trocken fest.

Das dunkle Display

Die hochgepriesenen Fahrkartenautomaten sind oft defekt und die Farbdisplays in der Sonne gar nicht lesbar. Der VGN: „Es liegt sozusagen in der Natur der Sache, daß bei neuen Geräten – leider – immer herstellerbedingte Anlaufschwierigkeiten bestehen. Dies sind aber keine Dauermängel. Nach einer gewissen Einlaufphase ist mit einem problemlosen Betrieb zu rechnen."[52]

Für neue Dauerkunden wird eine zusätzliche Einstiegshürde geschaffen, weil die neuen Automaten zwar „Wertmarken" für Dauerkarten verkaufen, jedoch nicht die erforderliche „Zonenkarte" ausgeben, auf welcher die Strecke eingetragen ist. Es sei möglich, diese „schriftlich anzufordern".[52] Alleine die Wortwahl ist pure Bürokratie. Warum kann der Automat die Tarifzonen nicht gleich auf die Wertmarke drucken?

„Frust statt Service?"
Pegnitz-Zeitung, 11. August 1998

Im Jahr 1998 fährt bei allen Fahrten der Schnaittachtalbahn ein Kundenbetreuer mit. Fahrkarten verkaufen darf er nicht, obwohl er das mit seinem mobilen Verkaufsgerät könnte. Der Kundenbetreuer spielt die strenge Jury, die entscheidet, welcher Fahr*gast* die Prüfung am Fahrkartenautomaten bestanden hat, weiter mitfahren darf und wer gegen Zahlung eines Geldbetrags aussteigen muss. Viel zu tun hätte der Kundenbetreuer mit dem Fahrkartenverkauf vermutlich nicht: Von zehn Fahrgästen nutzen erfahrungsgemäß etwa acht Dauerkarten und zwei Einzel- und Tageskarten.

Schatzsuche erleichtern

Die Schatzsuche nach der günstigsten Fahrkarte muss einfacher werden: „Um dem Fahrgast die komplizierte Auswahl der Fahrkarte abzunehmen, bedarf es intelligenter Geräte mit neuer Touch-Screen-Technik, die durch Berührung des Bildschirms bedient werden, und vor allem einer benutzerfreundlichen Software. Dadurch könnte die Schwellenangst von Neu- und Gelegenheitskunden beim Erwerb einer Fahrkarte erheblich gesenkt werden. Nach Eingabe des Fahrziels fragt der Computer nach der Anzahl der Personen, die mitfahren wollen, deren Alter, ob die Rückfahrt gewünscht wird und wann die Fahrt beginnen soll. Der Rechner erstellt dann die günstigste Fahrkarte", schreiben wir im *IGSBnebenbahnkonzept*.[53]

> *„Der günstigste Fahrpreis wird automatisch (…) abgebucht."*
> IGSBnebenbahnkonzept
> zur automatischen Preisberechnung

Der VGN lehnt das jedoch ab: „Es ist anzunehmen, daß die Kombination von Information und Verkauf an einem Gerät zu Ärger bei eiligen Kunden führt, die schnell kaufen wollen."[52] Dass gerade Neu- und Gelegenheitskunden deshalb hilflos vor den Automaten stehen, weil erst ein zeitaufwendiger Preisvergleich den Weg zur kostengünstigsten Fahrkarte ermöglicht, scheint sich dem VGN nicht zu erschließen. Tippt ein Fahrgast beispielsweise die Kenn-Nummer 1000 für Nürnberg ein und drückt die Taste „Hin- und Rückfahrt", erscheint der Kommentar „Diese Änderung ist nicht möglich". Dass man für jede Richtung separat eine Einzelfahrkarte oder eine Tageskarte kaufen muss, behält der Automat für sich. Die Tatsache, dass die Automaten im Testbetrieb von den Kunden positiv beurteilt worden sind, beruht darauf, dass Testaufgaben wie „Lösen Sie ein TagesTicket nach Kalchreuth" einfach nicht der Realität entsprechen. Der Fahrgast weiß ja noch gar nicht, welche Fahrkarte er braucht. Die Automatensoftware ist aus der Denkweise eines Programmierers und nicht eines Fahrgastes entstanden.

Einfach wie im Parkhaus

Wir gehen im IGSBnebenbahnkonzept noch einen Schritt weiter und schlagen vor, Bahnfahren so einfach zu machen wie Autofahren. Wenn ein Autofahrer ins Parkhaus fährt, zieht er bei der Einfahrt ein Ticket und zahlt beim Herausfahren. So könnte es auch bei der Eisenbahn funktionieren: „Die ElektronicCard zielt mittelfristig auf die Abschaffung von Papiertickets: Der Fahrgast führt die Karte beim Ein- und Ausstieg aus geringer Entfernung an einer Art Entwerter vorbei. Dabei muss die Chipkarte nicht einmal aus dem Geldbeutel genommen werden. Der günstigste Fahrpreis wird automatisch ermittelt und entweder von einem Chip auf der Karte oder vom Girokonto abgebucht."[53]

Mit unserer Idee sind wir der damaligen Zeit etwa 25 Jahre voraus. Erst viele Jahre später testet die Deutsche Bahn außerhalb des Schnaittachtals derartige Bezahlsysteme und stellt sie – wie im Fall von Touch&Travel – wieder ein. In anderen Ländern wie England, Japan oder den Niederlanden ist die Bestpreisberechnung längst Standard.

Als im Dezember 1996 ein Lkw die Bahnbrücke in Rollhofen rammt und der Zug-verkehr für zwei Wochen unterbrochen ist, freut sich ein Anwohner.

Gegen-Zug

Nicht immer stößt unsere Begeisterung für die Schnaittachtalbahn auf Gegenliebe. Es gibt auch Gegner der Bahn, vor allem seit am Wochenende und an Feiertagen wieder Züge fahren. Als im Dezember 1996 ein Lastwagen die niedrige Eisenbahnunterführung in Rollhofen rammt, der Zugverkehr für zwei Wochen unterbrochen ist und durch Busse ersetzt wird, freut sich ein Anwohner in einem Leserbrief „Endlich Schluss mit dem Gepfeife“:

„Wenn sonst schrille Dauerfanfaren die entnervten, soeben einge-schlafenen Schnaittachtaler Bürger wieder aufschrecken ließen, dürfen sie jetzt nachts in einen natürlichen, erholsamen Schlaf fallen, so wie sie es von früheren Wochenenden her kannten. So mancher Unternehmer wird sich fortan über ausgeschlafene, agile Mitarbeiter freuen können. Aber eben nur so lange die DB ihre Personenbeförderung beim Busverkehr beläßt. Ob der Direktion bekannt ist, wie wenig Fahrgäste überhaupt die Simmelsdorfer Strecke nützen, an Wochenenden oder früh ab 4.30 Uhr? Bedarfstaxis könnten den Transport rationeller erle-digen, anstatt ständig mit lärmenden Geisterzügen herzgeschwächte Leute ih-rem Tod näher zu bringen."[54]

> *„Bedarfstaxis könnten den Transport rationeller erledigen, anstatt ständig mit lärmenden Geister-zügen herzgeschwächte Leute ihrem Tod näher zu bringen."*
> Herr Schweinfurth, Schnaittach

Drei Mitglieder unseres Vereins, Markus Fromme, Heinz Richter und Reimar Wazlav, kontern in einem weiteren Leserbrief mit der Überschrift „Wann pfeift der Zug wieder?":

„Es ist schon grotesk: Da schließen sich Eltern (Mittelfränkischer Elternverband) zu Initiativen zusammen, um in Orten ohne Bahnverbindung für ihre Kinder einen gefahrlosen Schulweg mit genügend Platz in den Bussen zu fordern. Da engagieren sich Po-litiker quer durch alle Parteien, um unsere Bahnstrecke und ihre Infrastruktur zu erhalten. Und gleichzeitig jubelt Herr Schwein-furth darüber, daß er dank Brückenschadens in Rollhofen nun end-lich ausschlafen könne, während sich Hunderte von Schülern in vollbesetzten Bussen drängen, in denen es kaum möglich ist, der Aufforderung ‚Bitte festhalten!' nachzukommen. Es ist wohl wahrscheinlich, daß ein wirklich herzkranker Mensch durch solche Verhältnisse eher zu Schaden kommt als durch das Warnsignal eines Zuges. So werden viele Schüler und Berufspendler in den Gemeinden Neunkirchen, Schnaittach und Simmelsdorf die Hoff-

nung (...) nicht teilen können, daß sich die Reparaturarbeiten an der Rollhofener Brücke noch recht lange hinziehen werden."[55]

Viel Lärm um nichts

In der Tat gibt es auf den knapp zehn Kilometern zwischen Neunkirchen und Simmelsdorf 33 Bahnübergänge. Nur fünf davon sind mit Schranken oder Blinklicht gesichert. Alle anderen Bahnübergänge sind umgangssprachlich gesehen ungesichert und müssen laut *Eisenbahn-Bau- und Betriebsordnung* „durch die Übersicht auf die Bahnstrecke" oder „hörbare Signale" gesichert werden. Zwei in Schnaittach wohnende Bahnkritiker rechnen in einem Leserbrief vor, dass „täglich 480 Warnsignale (am Wochenende ‚nur' 210)" von der Strecke ausgehen.[56]

Der meiste Lärm wird an Feldwegen verursacht, die in der Praxis kaum benutzt werden. „Unserer Ansicht nach benötigen von den 28 derzeit nicht gesicherten Übergängen fünf eine Lichtzeichen- und zwei eine Schrankenanlage. Elf Übergänge können in Verbindung mit kleineren Maßnahmen, wie Aus- oder Neubau von Feldwegen, beseitigt werden. Durch unsere Maßnahmen würde sich die Anzahl der ungesicherten Übergänge mehr als halbieren und somit auch die Anzahl der dann noch nötigen Warnsignale der Züge", schlagen wir im *IGSBnebenbahnkonzept* vor.[57]

> *„Während sich Hunderte von Schülern in vollbesetzten Bussen drängen (...) Es ist wohl wahrscheinlich, daß ein wirklich herzkranker Mensch durch solche Verhältnisse eher zu Schaden kommt als durch das Warnsignal eines Zuges."*
>
> IG Schnaittachtalbahn e.V.

Für uns ist der Wegfall der Bahnübergänge nur Nebeneffekt zu einem anderen Ziel: die Erhöhung der Höchstgeschwindigkeit auf achtzig oder hundert Kilometer pro Stunde durch die Beseitigung von Langsamfahrstellen, wo die Züge vor dem Bahnübergang nur zehn oder zwanzig Kilometer pro Stunde fahren dürfen. Wir argumentieren: „Die Geschwindigkeitserhöhung ist aus mehreren Gründen notwendig. Neben der realen Fahrtzeitverkürzung wirkt sich die Zeitersparnis für den Fahrgast auch auf das subjektive Empfinden der Fahrgäste aus. Die Bahn verliert ihren ‚Bimmelbahn-Charakter' und vermittelt das Gefühl einer ‚zügigen' Beförderung."[57]

Im Juli 1998 klappern Bernd Loos und ich zusammen mit Vertretern von DB Netz, des Bahn-Umwelt-Zentrums, der Marktgemeinde Schnaittach und zwei Beschwerdeführern alle Bahnübergänge im Gemeindegebiet von Schnaittach ab. Wir diskutieren vor Ort, ob wenig benutzte Überwege geschlossen, mit Umlaufsperren zu Geh- und Radwegen herabgestuft werden können oder durch Rückschnitt von Bewuchs die „Übersicht auf die Bahnstrecke" geschaffen werden kann. Diese Maßnahmen würden die Warnsignale entbehrlich machen. DB Netz gelingt es schließlich, insgesamt 13 Bahnübergänge und Privatwege zurückzubauen.

Ab Mai 2000 verkehrt ein morgendlicher Zug aufgrund hoher Nachfrage mit vier statt drei Wagen. Dafür wird extra der Bahnsteig in Schnaittach verlängert.

Die lange Geschichte vom zu kurzen Zug

„Mann / Frau kommt sich vor wie in Japan zur Rush-hour: In der Frühe um 7.21 Uhr ab Speikern bis Lauf ist es nahezu unmöglich, in den Zug zu steigen", schreibt die Schülerin Nicole Krönert vom Christoph-Jacob-Treu-Gymnasium in Lauf in einem Artikel der *Pegnitz-Zeitung*.[58] Überfüllte Züge auf einer Strecke, die einst stillgelegt werden sollte? Seit einem Leserbrief von drei Schülerinnen im Januar 1995 gibt es immer wieder Beschwerden aufgrund zweier stark ausgelasteter Züge. Betroffen sind die Fahrten ab Simmelsdorf um 7:03 Uhr und zurück ab Neunkirchen um 13:39 Uhr, nachfolgend einfach 7-Uhr-Zug und 13-Uhr-Zug genannt. Schüler der weiterführenden Schulen in Lauf, Hersbruck und Nürnberg sind auf diese Verbindungen angewiesen.

„Das Christoph-Jacob-Treu-Gymnasium fragt schon seit einiger Zeit bei der Deutschen Bahn AG an, ob nicht ein weiterer Waggon angehängt werden könnte. Die Bahn scheint da anderer Meinung zu sein. Die Schule müsste genaue Zahlen, Bilder oder Berichte vorlegen", heißt es in der *Pegnitz-Zeitung*.[58] Außerdem seien die Bahnsteige zu kurz.

> *„Die Schule müsste genaue Zahlen, Bilder oder Berichte vorlegen"*
> Pegnitz-Zeitung, 3. Dezember 1996

Ein Triebwagen der Schnaittachtalbahn besteht in seiner Grundeinheit aus drei Wagen: vorne und hinten ein motorisierter Endwagen mit Führerstand und in der Mitte ein antriebsloser Wagen. Bis zu drei Grundeinheiten können gekuppelt werden, so dass nur Züge mit drei, sechs oder neun Wagen gebildet werden können.

Lokbespannte Züge sind bei der Wagenzahl flexibler. Auf der einen Seite befindet sich die Zuglok, am anderen Ende ein Steuerwagen mit Führerstand. Dazwischen können nahezu beliebig viele Wagen eingereiht werden.

Die erste Verlängerung

Im Januar 2000 schlagen wir DB Regio vor, beim 7-Uhr-Zug eine lokbespannte Garnitur einzusetzen. Mit Erfolg: Ab 29. Mai 2000 verkehrt der morgendliche Schülerzug lokbespannt mit vier Wagen, ein Wagen mehr als vorher. Doch das ist nicht die einzige Verbesserung: Der 13-Uhr-Zug beginnt nun schon in Nürnberg statt Neunkirchen. Schüler, die aus dem Schnaittachtal nach Lauf oder Nürnberg pendeln, können nun sitzen bleiben – im positiven Sinn.

Die Entschärfung hält nicht lange und es kommt aufgrund der Einführung der sechsstufigen Realschule zu zwei neuen Problemen. Fünft- und Sechstklässler, die bisher in Schnaittach die Hauptschule besucht haben, pendeln nun ebenfalls nach Nürnberg und Lauf.

„Morgens ist der Zug hoffnungslos überfüllt."
Vera G., Schnaittach

„gedrängt wie eine Schafsherde"
Siegfried S., Schnaittach

„Es war beinahe unmöglich, in den Zug einzusteigen."
Peter S., Speikern

„Ein weiterer Waggon wäre nötig."
Birgit A., Schnaittach

„total überfüllte Waggons"
Susanne A., Schnaittach

„wie Sardinen"
Lena H., Schnaittach

„Großes Gedränge in den Gängen und Vor- räumen"
Elisabeth H., Simmelsdorf

„Schülerzug um 7.11 Uhr ist bereits ab Schnaittach überfüllt."
Manuel T., Schnaittach

„viel zu wenig Sitzplätze!"
Ingrid K., Schnaittach

„Man hat Angst um seine Kinder."
Irene F., Speikern

„Durchgehender Zug wäre sicherer."
Bettina L., Schnaittach

„Im Interesse der Kinder wäre eine durchgehende Verbindung von Lauf nach Simmelsdorf."
Anne S., Schnaittach

„Beklemmende Enge"
Rosemarie H., Schnaittach

Die zweite Verlängerung

Wieder gibt es Beschwerden über zu volle Züge, diesmal betrifft es den 13-Uhr-Zug, der weiterhin nur mit drei Wagen fährt. Bahnsprecherin Daniela Bals sagt zwar in einem Artikel der *Pegnitz-Zeitung* („Das lange Hoffen auf einen längeren Zug"), dass man Zählungen durchgeführt habe. „Handlungsbedarf ergab sich dadurch für die Bahn aber offenbar nicht", folgert der Redakteur. Erwin Rosner, Sicherheitsbeauftragter am Christoph-Jacob-Treu-Gynmasium in Lauf, ärgert sich: „Es wird immer erst abgewartet, bis es ein großes Geschrei gibt, dann wird gehandelt. (…) Um diese Kundschaft kümmert man sich einfach nicht."[59]

Man kümmert sich doch: Zum Fahrplanwechsel am 15. Dezember 2002 ersetzt DB Regio den dreiteiligen Triebwagen beim 13-Uhr-Zug durch einen lokbespannten Vier-Wagen-Zug. Eine Erweiterung der Platzkapazitäten beim 7-Uhr-Zug findet allerdings nicht statt.

Die Lage eskaliert

Zu einer Eskalation kommt es im November 2003. Beim Ausbau der Weichen im Bahnhof Schnaittach, verbunden mit einer Totalsperrung der Strecke am Wochenende, entgleist eine Baumaschine. Die Arbeiten können nicht wie geplant bis zum beginnenden Berufsverkehr am Montag abgeschlossen werden. Für einen Zug mit über 600 Fahrgästen im Berufsverkehr stellt die Deutsche Bahn ersatzweise nur zwei Busse bereit. Thema ist auch, dass Fahrgäste bei Verspätungen und Zugausfällen keinerlei Informationen erhalten, da die Stationen der Schnaittachtalbahn nicht mit Anzeigen oder Lautsprechern ausgerüstet sind. Wieder bewegt sich DB Regio erst, als Gisela Schäffner und Vera Gerhold 850 Unterschriften sammeln.

> *„Es wird immer erst abgewartet, bis es ein großes Geschrei gibt, dann wird gehandelt."*
> Erwin Rosner, Christoph-Jacob-Treu-Gynmasium

DB Regio lädt Schnaittachs Bürgermeister Georg Brandmüller und Herrn Scharrer, ÖPNV-Sachbearbeiter beim Landratsamt, zu einem Situationsgespräch. DB Regio stellt zwar fest, dass man beobachtet habe, dass seit der Real- und Hauptschulreform mehr Schüler mit dem Zug fahren.

Mehr Wagen könne man allerdings nicht anhängen, da die Bahnsteige zu kurz seien, eine Verlängerung teuer und zeitaufwendig sei und dafür ein anderer Konzernteil zuständig sei.[60] In einem Leserbrief stellen wir klar, dass bei 352 Sitzplätzen und 630 Fahrgästen ein erheblicher Teil der Fahrgäste stehen muss.[61]

„Längere Bahnsteige?"
Pegnitz-Zeitung, 11. August 2004

Königsweg nicht in Sicht

Um die Fahrgäste bei Zugverspätungen zu informieren, soll ein Mitarbeiter der Gemeinde bei Verspätungen zu den Haltestellen Hedersdorf und Schnaittach fahren, um die Fahrgäste zu informieren. Wie das kurzfristig funktionieren soll, bleibt uns schleierhaft. Wir erreichen, dass in den Info-Vitrinen der Stationen eine Telefonnummer ausgehängt wird, die Bahnreisende mit ihrem Handy anrufen können, wenn der Zug nicht kommt und der Botschafter nicht vor Ort ist.

Da „ein Königsweg zu einer substanziellen Veränderung der Situation nicht in Sicht" ist, wendet sich der SPD-Landtagsabgeordnete Dr. Thomas Beyer an den Konzernbevollmächtigten der Deutschen Bahn, Klaus-Dieter Josel:

> *„Hier bitte ich noch einmal eingehend darum, abzuklären, ob rechtlich in einem solchen Falle tatsächlich eine bloße Verlängerung der vorhandenen Altbahnsteige ausscheidet. Dabei bitte ich insbesondere zu berücksichtigen, dass eine Verkürzung der Bahnsteiglänge im Bahnhof Schnaittach sich alleine daraus ergibt, weil wegen Rückbaumaßnahmen nicht mehr das ursprüngliche, mit einem längeren Bahnsteig ausgerüstete Gleis 1 befahren wird."*[62]

Herr Josel antwortet:

> *„Eine provisorische Verlängerung der Bahnsteige in Schnaittach Markt und Speikern (die Bahnsteiglängen der anderen Stationen reichen bei einem Zusatzwaggon aus) muss gemäß der Eisenbahn-Bau- und Betriebsordnung (EBO) und den sich hieraus ergebenden nachgeordneten Richtlinien zum Bau von Bahnanlagen regelkonform geplant und gebaut werden. Die planungs- und baurechtlichen Procedere müssen hierbei eingehalten werden."*[63]

Die dritte Verlängerung

Kreative Eisenbahner in Nürnberg finden eine „unkonventionelle, aber sofort umsetzbare Lösung", wie uns DB Regio Mittelfranken schreibt:

> *„Seit 13.9.04 haben wir die RB 30706"* (Anmerkung: der 7-Uhr-Zug) *„mit einem fünften Wagen verstärkt. Die Sicherheit unserer Fahrgäste hat für uns höchste Priorität. Zum Schutz der Schüler beim Ein- und Aussteigen im letzten Wagen werden wir an Schultagen zusätzliche Mitarbeiter einsetzen, die sicherstellen, dass beim Halt außerhalb des Bahnsteigs die entsprechende Tür nicht benutzt wird."* [64]

Die Zwischenlösung hält, bis im Jahr 2010 alle Bahnsteige erneuert und verlängert sind. Digitale Schriftanzeiger auf den Bahnsteigen informieren über Zugverspätungen und -ausfälle.

Nach 35 Jahren Pause erreicht erstmals wieder eine Dampflok der Baureihe 64 den Bahnhof Simmelsdorf. Das Stationsgebäude ist im Mai 1998 noch bewohnt.

Eine Legende kehrt zurück

Es ist Sonntag, der 17. Mai 1998. In aller Herrgottsfrühe fahren Mathias König und ich mit Nahverkehrszügen über Nürnberg und Forchheim nach Ebermannstadt. Dort hat die Dampfbahn Fränkische Schweiz e.V. (DFS) ihr Zuhause. Anfang 1996 kaufte dieser Verein für seine Museumsbahn zwischen Ebermannstadt und Behringersmühle eine Dampflok der Baureihe 64. Derartige Loks mit dem liebevollen Spitznamen Bubikopf fuhren bis 1963 täglich auf der Schnaittachtalbahn. Nachdem eine Lok dieser Baureihe in Franken betriebsfähig vorhanden war, fragte unser Verein bei der Dampfbahn eine Sonderfahrt nach Simmelsdorf an. Die Zusage kam prompt und nach einjähriger Vorbereitung ist es heute soweit.

Die Dame der Schlüssel

Wir wollen bei der Überführungsfahrt des Dampfzuges von Ebermannstadt bis Nürnberg dabei sein und Zeuge einer nicht alltäglichen Zugzusammenstellung werden: Aufgrund des dichten Taktverkehrs soll der Dampfzug von Ebermannstadt bis Forchheim an die planmäßige Regionalbahn angehängt werden.

Die Zuggarnitur der Dampfbahn aus den 1950er Jahren wartet gut gerüstet in Ebermannstadt auf die Ankunft der Regionalbahn aus Forchheim. Die Regionalbahn, bestehend aus einer Diesellok und zwei Silberlingen, rollt ein. Das dienstbeflissene DFS-Personal holt telefonisch schnellstens beim Zugleiter in Forchheim die notwendige Erlaubnis zum Rangieren ein und die DB-Zugführerin händigt dem DFS-Bediensteten den Zugführerschlüssel aus – zumindest das, was sie dafür hält. Der Zugführerschlüssel ist erforderlich, damit das mechanische Stellwerk in Ebermannstadt bedient und die Weichen umgestellt werden können.

Nachdem der Schlüssel nicht in die Stellwerksbank passt, fällt der Blick des DFS-Zugführers auf die Aufschrift „RS": „Bitte nicht den Rangierschalterschlüssel, wir brauchen den Zugführerschlüssel!" Die Dame der DB, rot anlaufend: „Einen anderen habe ich nicht dabei!" Fazit: Kein Aufsperren der Stellwerksbank bedeutet kein Rangieren. Kein Rangieren bedeutet: kein Anhängen an die Regionalbahn.

> *„Einen anderen habe ich nicht dabei!"*
> DB-Zugbegleiterin
> auf die Frage nach dem richtigen
> Schlüssel für das Stellwerk

Kurzfristig wird entschieden: Abholung des Zugführerschlüssels in Forchheim mit dem Auto. Der Zugleiter lässt die Regionalbahn inzwischen alleine nach Forchheim fahren, die DFS fährt selbstständig nach – auch wenn dadurch die nächste Regionalbahn Verspätung bekommt. Originalton Zugleiter: „Ihr könnt ja nichts dafür!"

Wieder alles im Griff

Den Nürnberger Hauptbahnhof erreichen wir gerade rechtzeitig, so dass die Sonderfahrt pünktlich starten kann. Eine Stunde später erreicht erstmals nach 35 Jahren wieder eine legendäre Dampflok der Baureihe 64 mit eigener Kraft den Bahnhof Simmelsdorf. Aufgrund des Gleisrückbaus kann die Dampflok in Simmelsdorf nicht ans andere Zugende rangiert werden. Deshalb wird der Zug mit jeweils einer Lok an jedem Ende bespannt. Die dafür notwendige zweite Lok ist die Diesellok V36 136, ein Loktyp, der früher ebenfalls im Schnaittachtal eingesetzt war.

Das zweite Gleis in Simmelsdorf ist im Mai 1998 außer Betrieb. Der Zug wird deshalb am anderen Ende mit einer historischen Diesellok bespannt.

Viermal pendelt der Dampfzug im Zweistundentakt zwischen Neunkirchen am Sand und Simmelsdorf, bevor es abends wieder nach Nürnberg geht. Zusammen mit den Regionalzügen besteht an diesem Sonntag ein stündliches Zugangebot zwischen Neunkirchen und Simmelsdorf. Während der reguläre Triebwagen als Regionalbahn die Schnaittachtalbahn befährt, steht der Dampfzug im Ladegleis in Neunkirchen. Die Freiwillige Feuerwehr kümmert sich um die Betankung der Lokomotive mit Wasser. Die Erwachsenen können unseren Infostand besuchen. Große und kleine Kinder dürfen auf den Führerstand der Dampflok klettern.

*Für diesen Beitrag habe ich Textpassagen aus „Schiene aktuell" 2/1998
von Stephan Schäff verwendet.*

152

Der Schienenbus der Passauer Eisenbahnfreunde kreuzt am 14. Juli 2002 den Bahnübergang Hersbrucker Straße in Schnaittach auf dem Weg nach Hersbruck.

Der absolute Renner

Am Wochenende 13./14. Juli 2002 sind im Pegnitztal alle Übernachtungsquartiere ausgebucht. Die Eisenbahnstrecke durch das Pegnitztal feiert Jubiläum. Rund eine Viertelmillion Euro nimmt eine private Initiative, geführt von Armin Götz, Geschäftsführer der IGE Bahntouristik, und Franz Semlinger, Vorsitzender des Heimat- und Geschichtsvereins Neunkirchen am Sand, in die Hand und organisiert ein großes Fest.

Sieben Dampfsonderzüge aus München, Augsburg, Stuttgart, Frankfurt, Passau, Zwickau und Berlin bringen am Samstag rund 2.000 Gäste zum zentralen Veranstaltungsort in Hersbruck. Dort findet am Nachmittag eine Parade mit zwölf Dampflokomotiven aus vier verschiedenen Ländern statt, die von rund 8.000 Menschen besucht wird. Dampfzüge verkehren an beiden Tagen im Pegnitztal.

Auch die Schnaittachtalbahn feiert mit: In Speikern zeigt der Heimat- und Geschichtsverein in der Hopfenscheune eine Ausstellung zur Geschichte der Pegnitztalbahn. Die Geschichte der Bahnlinie zwischen Nürnberg und Bayreuth ist eng mit der Schnaittachtalbahn verbunden: Eine von vier Linienvarianten der 1877 eröffneten Eisenbahnstrecke zwischen Nürnberg und Bayreuth sollte ursprünglich durch das Schnaittachtal führen. Die Staatsbahn entschied sich für die Führung durch das obere Pegnitztal. Erst 1895 erhielt das Schnaittachtal seine eigene Eisenbahn.

Ein historischer Schienenbus der Passauer Eisenbahnfreunde verbindet die Ausstellung in Speikern im Schnaittachtal mit Hersbruck und Simmelsdorf. Unser Verein ist mit einem Infostand an Bord. Ein Kamerateam der Fernsehsendung „Eisenbahn-Romantik" begleitet die Fahrt und führt ein Interview mit uns. Die Fahrten sind der absolute Renner und neben den Dampfzugfahrten die Attraktion: „Da hätte man die Leute beinahe stapeln können", erzählt Armin Götz.[65]

Die Hochzeitsgesellschaft trifft in Simmelsdorf ein. Der historische Bahnhof steht seit 2000 samt Toilettenhäuschen und Lokschuppen unter Denkmalschutz.

Foto: Mathias König

Sommer, Sonne, Schienenbus

Am Samstag, den 2. August 2003 fährt ein ganz besonderer Zug auf der Schnaittachtalbahn: Eine Hochzeitsgesellschaft hat einen zweiteiligen Schienenbus des Deutschen Dampflokmuseums für eine Sonderfahrt von Nürnberg über Lauf nach Simmelsdorf gechartert. Bis zur Rückkunft des Brautpaares nutzen wir die Standzeit in Simmelsdorf zu drei öffentlichen Pendelfahrten zwischen Simmelsdorf und Neunkirchen am Sand, die wir unter dem Motto „Sommer, Sonne, Schienenbus" vermarkten. Erstmals

operieren wir als Veranstalter und übernehmen Werbung, Fahrkartenverkauf und das wirtschaftliche Risiko. Trotz Sommerhitze und Ferien-
zeit fahren genügend Fahrgäste mit, um die Kosten zu decken. Abends
fährt die Hochzeitsgesellschaft von Simmelsdorf mit dem Schienenbus
direkt ins Nürnberger DB-Museum, wo ausgiebig weitergefeiert wird.

Der Zug der Zeit: Im Mai 1998 pendelt diese bunte, aber chronologisch falsch sortierte Garnitur im Schnaittachtal. Hinten orangerot-kieselgrau (ab 1972), vorne minttürkis-weiß (ab 1987), in der Mitte verkehrsrot (ab 1996).

Chronik

> **Verstehen Sie *Schnaittach Bahnhof*?**
>
> Der Bahnhof Neunkirchen am Sand hieß von 1877 bis 1970 *Schnaittach Bahnhof*. Damit sollten die Schnaittacher besänftigt werden, als 1877 die Bahnlinie Nürnberg – Bayreuth nicht über Schnaittach, sondern über Hersbruck und Neuhaus eröffnet wurde. Die eigentliche Station Schnaittach trägt deshalb bis heute den Zusatz *Markt*.

Länderbahnzeit

06.04.1890	erste Eingabe zum Bau einer Lokalbahn Schnaittach Bhf - Simmelsdorf
30.10.1891	Trassenbegehung durch das Eisenbahnkomitee
11.12.1891	Gesetzentwurf für 16 neue Lokalbahnen, darunter Schnaittach Bhf - Simmelsdorf-Hüttenbach
26.05.1892	Beschluss zum Bau und Betrieb der Lokalbahn Schnaittach Bhf - Simmelsdorf-Hüttenbach
09.06.1894	Genehmigung zur Vornahme der Bauarbeiten
05.02.1895	Bauauftragsvergabe für die Lokalbahn
20.05.1895	Angebotseröffnung für die gußeisernen Brückenbauteile
15.06.1895	Aufbringung des Unterbausandes
15.07.1895	Beginn der Gleisverlegung
Juli 1895	Vergabe der Hochbauarbeiten
07.10.1895	Fertigstellung der Gleislegung
28.11.1895	Genehmigung der Bahneröffnung durch Prinzregent Luitpold
05.12.1895	Eröffnung der Gesamtstrecke
Januar 1896	kilometrische Längenvermessung
1901	Bau einer zentralen Weichenstellung in Schnaittach Bhf
18.03.1902	Inbetriebnahme der neuen Zentralweichenstellung in Schnaittach Bhf
01.05.1917	Stückgutverkehr bis 250 kg wird in Speikern zugelassen

Reichsbahnzeit

1929	Bau der Güterhalle in Simmelsdorf
1933	Verlängerung des Lokschuppens in Simmelsdorf durch einen Holzanbau
1938	Neugestaltung des Bahnhofsgebäudes in Schnaittach Markt (Verputzung, hölzerne Wartehalle)
08.04.1945	Fliegerangriff zwischen Schnaittach Bhf und Speikern

Bundesbahnzeit

02.03.1958	neues Zugspitzensignal auf der Nebenbahn: drei Lampen in Form eines A
01.09.1961	Einstellung des Güter- und Tierverkehrs Hedersdorf
1962	fast vollständige Erneuerung des Gleises zwischen Schnaittach Bhf und Simmelsdorf
27.05.1962	Sommerfahrplan: Dieselloks der Baureihe V100 verkehren neben den Dampfloks der Baureihe 64 planmäßig auf der Schnaittachtalbahn
25.05.1963	letzte fahrplanmäßige Fahrt eines Dampfzugs mit der Baureihe 64
26.05.1963	Sommerfahrplan: alle Fahrten verkehren mit Dieselloks der Baureihe V100
01.10.1963	Schleifzug auf der Schnaittachtalbahn
1964	Bau der Umgehungsstraße Hedersdorf, Auflassung eines Bahnübergangs
04.05.1965	Inbetriebnahme der neuen Bahnübergänge Hersbrucker Straße und Kersbacher Weg als Blinklichtanlage in Schnaittach
01.01.1966	Auflassung des Fahrkartenverkaufs- und Warteraums in Hedersdorf
01.01.1969	Anhebung von Schnaittach Bhf zum Stückgutbahnhof
23.05.1970	Sonderfahrt der Nürnberger Eisenbahnfreunde mit dem „Kartoffelkäfer" (VT 92 501)

27.09.1970	Umbenennung des Bahnhofs Schnaittach Bhf in Neunkirchen am Sand
01.01.1976	Einführung des Knotenpunktsystems: Bahnhof Neunkirchen ist nur noch Nebendienststelle (Satellit) von Hersbruck; die Agenturen Schnaittach Markt und Simmelsdorf werden in Fahrkartenverkaufsstellen umgewandelt, dadurch keine Reisegepäck- und Expressgutabfertigung mehr; Speikern, Rollhofen und Hedersdorf sind nur noch Personentarifpunkt
30.04.1979	Auflösung der Bahnmeisterei Neunkirchen am Sand
1980	Neubau Bahnhofsgebäude, Bahnsteige und Bahnsteigunterführung in Neunkirchen am Sand
16.11.1980	Inbetriebnahme des neuen Bahnhofs Neunkirchen
1981	Abriss der beiden mechanischen Stellwerke und des alten Empfangsgebäudes in Neunkirchen
27.01.1981	Schneepflug zwischen Neunkirchen und Simmelsdorf im Einsatz
01.01.1982	Bahnhof Neunkirchen nur noch Außenstelle von Hersbruck
03.06.1984	Einstellung des Zugverkehrs am Wochenende, Einsatz der Baureihe 211 im Personenverkehr endet, nur noch Triebwagen der Baureihe 614 im Einsatz
21.09.1985	Schienenbus der Baureihe 798 befährt nach Lokparade in Nürnberg die Schnaittachtalbahn (MEC Münchberg)
1985	Umbau der Schranke in Neunkirchen
26.03.1986	Vereinbarung zwischen dem Freistaat Bayern und der Bundesbahn über den Erhalt von 40 Nebenbahnen bis Ende 1995, darunter die Schnaittachtalbahn
März 1986	Rückbau des zweiten Gleises im Ladehof in Simmelsdorf
20.10.1986	Ersatz der mechanischen Schranke in Neunkirchen durch eine Lichtzeichenanlage mit Halbschranke
01.07.1987	Regenkatastrophe im Schnaittachtal, Eisenbahndammrutsch bei Rollhofen
14.07.1987	erstmals Triebwagen der Baureihe 614 in minttürkis-weiß im Einsatz

April 1988	Erneuerung des Silogleises und einer Weiche in Simmelsdorf, Rückbau des Gleisanschlusses zum Lokschuppen
12.06.1988	Dampflokfahrten mit 86 457 und 4 Umbauwagen durch IGE Hersbruck
01.08.1989	Neunkirchen wird zum unbesetzten Tarifpunkt abgestuft: Einstellung des Bahnhofsbetriebes in Neunkirchen, Aufstellung eines Fahrkartenautomaten, Zeitkartenverkauf im Postamt Neunkirchen, dort auch Haus-Gepäck-Service
01.03.1990	Sturm Wiebke legt Zugbetrieb lahm
März 1990	Erneuerung und Verkürzung von Gleis 2 in Simmelsdorf
April 1990	neue Wartehäuschen aus Beton in Speikern und Rollhofen

Und hier noch die vierte Farbvariante: Während die in Nürnberg stationierten 614er der ersten Bauserie ab Werk in den Pop-Farben orangerot-kieselgrau ausgeliefert wurden, trug die zweite in Braunschweig stationierte Serie das typische Farbkleid der 1980er Jahre: ozeanblau-beige. Der Einsatz eines solchen Endwagens im Januar 1993 in Simmelsdorf war eine Ausnahme. Ozeanblau-beigefarbene Mittelwagen des Vorläufermodells 934 wurden dagegen regulär eingesetzt.

Winter 1990/1991	Abriss der Güterhalle in Simmelsdorf
02.07.1991	Auflassung des Wagenladungstarifpunktes Schnaittach
Januar 1992	Abriss des Kalksilos und des Silogleises in Simmelsdorf
1992	Bau einer neuen Brücke über die Schnaittach bei Hedersdorf, Neubau des Bahnsteiges in Speikern, Güterzüge werden von Baureihe 290 statt Baureihe 211 gezogen
31.05.1992	Einführung des Stundentakts von montags bis freitags, Streichung aller Direktverbindungen zwischen Simmelsdorf und Nürnberg
Oktober 1992	Dominik Sommerer regt erstmals durchgehende Züge im Stundentakt zwischen Simmelsdorf und Nürnberg bei der Bundesbahndirektion Nürnberg an
23.05.1993	Zug um 7:03 Uhr ab Simmelsdorf fährt wieder als einziger direkt bis Nürnberg
1993	Güterzüge verkehren nur noch zweimal pro Woche (dienstags und donnerstags)
August 1993	Verkauf von Zeitkarten in Neunkirchen im Discountgeschäft Völkl statt bei der Post
18.09.1993	Hochzeitszug mit Dampflok 50 622
Nov. 1993	Verkauf des Bahnhofsgebäudes in Schnaittach durch die Deutsche Bundesbahn an einen Privatmann
Nov./Dez. 1993	Bau eines neuen Mittelbahnsteigs und Aufstellung eines Betonwartehäuschens in Schnaittach

Deutsche-Bahn-Zeit

26.09.1994	Einstellung des Güterverkehrs
Oktober 1994	Rückbau des Gleisanschlusses der Wolfshöher Tonwerke in Rollhofen
1995	Umrüstung des Speikerner Bahnübergangs von Blinklicht auf Ampelanlage mit Halbschranken

16./17.09. 1995	Streckenjubiläum mit Bahnhofsfesten, Fahrzeugausstellung und Sonderfahrten im Zweizugbetrieb
01.01.1996	Regionalisierung des Schienenpersonennahverkehrs
31.05.1996	letzte Zugkreuzung in Schnaittach
02.06.1996	Einführung des Bayern-Taktes: Wiedereinführung des Wochenendzugverkehrs im Zweistundentakt mit 14 Fahrten, Streichung eines gut besetzten Pendlerzuges
Juni 1996	Übergabe von 1.000 Unterschriften für den Erhalt des Frühzugs und Kreuzungsgleises in Schnaittach an Staatsminister Wiesheu
25.06.1996	Gründung der Interessengemeinschaft Schnaittachtalbahn (IGSB) e.V.
Dez. 1996	Lkw rammt Eisenbahnbrücke in Rollhofen: zweiwöchige Streckensperrung, Bau einer Behelfsbrücke, Rückbau der Anschlussweiche zu den Wolfshöher Tonwerken
04.04.1997	Lade- und Ausweichgleis in Simmelsdorf wird mit Schweißbrennern zerteilt und zum Abbau vorbereitet
April 1997	Rückbau des Ladegleises in Schnaittach
10.05.1997	IGSB stellt Kurzfassung des Zukunftskonzepts Schnaittachtalbahn auf dem Ökomarkt in Schnaittach erstmals öffentlich vor
Januar 1998	Langfassung des Zukunftskonzepts Schnaittachtalbahn inhaltlich fertig
27.03.1998	erste öffentliche Vorstellung des Zukunftskonzepts Schnaittachtalbahn in Schnaittach
17.05.1998	Dampflokfahrten mit 64 491 und V36 123 zwischen Nürnberg, Neunkirchen und Simmelsdorf durch die Dampfbahn Fränkische Schweiz e.V.
Sommer 1998	Schließung der VGN-Agenturen in Schnaittach und Neunkirchen; neue Fahrkartenautomaten an allen Stationen
01.09.1998	Bahnübergang Schnaittach-Festungsstraße wird von Blinklicht auf Ampelanlage mit Halbschranken umgerüstet

12.10.1998	erneute Vorstellung des Zukunftskonzepts Schnaittachtalbahn, gedruckte Langfassung erhältlich
Anfang 1999	Internetauftritt der IGSB unter http://www.nbg-land.com/igsb
14.01.1999	Präsentation des Zukunftskonzepts Schnaittachtalbahn im Rathaus in Lauf
26.07.1999	Präsentation des Zukunftskonzepts Schnaittachtalbahn in der interfraktionellen Arbeitsgruppe ÖPNV des Landkreises Nürnberger Land
22.09.1999	Präsentation des Zukunftskonzepts Schnaittachtalbahn in einer Gemeinderatssitzung in Neunkirchen
14.10.1999	Präsentation des Zukunftskonzepts Schnaittachtalbahn in einer Marktgemeinderatssitzung in Schnaittach
26.10.1999	Präsentation des Zukunftskonzepts Schnaittachtalbahn in einer Gemeinderatssitzung in Simmelsdorf
Dez. 1999	Umzug der IGSB-Internetseite auf www.schnaittachtalbahn.de
01.02.2000	Brief der Gemeinden Neunkirchen, Schnaittach und Simmelsdorf an das Bayerische Staatsministerium für Wirtschaft, Verkehr und Technologie
Frühjahr 2000	Deutsche Bahn will Nebenbahnen aus dem Konzern ausgliedern
März 2000	zweiter Fahrkartenautomat in Schnaittach für Fernverkehrsfahrkarten
29.05.2000	Fahrplanwechsel: statt einer nun vier Direktverbindungen zwischen Simmelsdorf (ab 6:11, 7:03 und 13:07 Uhr) und Nürnberg (ab 13:09 Uhr) morgendlicher Schülerzug verkehrt mit Baureihe 218 als Wendezug mit vier Wagen Bahnsteig in Schnaittach wird verlängert
28.08.2000	Bahnhof Simmelsdorf wird mit Empfangsgebäude, Nebengebäude und Lokschuppen unter Denkmalschutz gestellt
Mai 2002	neues gläsernes Wartehäuschen in Simmelsdorf

Sept. 2000	Abbau der oberirdischen bahninternen Telefonleitung mit Holzmasten entlang der Strecke
02.10.2000	Rückbau der Antriebe an den Einfahrweichen in Simmelsdorf und Schnaittach, Weichen werden mit Bolzen festgelegt
April 2001	einige Fahrzeuge der Baureihe 614 erhalten probeweise Türen, die auf Knopfdruck öffnen
10.06.2001	Fahrplanwechsel: montags bis freitags 28 Fahrten ohne Umsteigen zwischen Nürnberg und Simmelsdorf im Stundentakt mit Halt an allen Unterwegsstationen, Züge zwischen Neuhaus und Nürnberg halten nicht mehr zwischen Lauf und Nürnberg.

Nur noch drei statt vier Produktnamen im Nahverkehr: S-Bahn (S), RegionalBahn (RB) mit Halt an allen Stationen und RegionalExpress (RE) mit Halt an ausgewählten Stationen. Der Name StadtExpress (SE) entfällt, aus dem SE zwischen Nürnberg und Neuhaus wird die RB.

Ab Mai 2000 verkehren erstmals seit 1984 wieder planmäßig lokbespannte Reisezüge auf der Schnaittachtalbahn. 218 225 passiert am 2. Juni 2006 mit der Rückleistung des nachmittäglichen Schülerzuges die Weiher bei Schnaittach.

13./14.07. 2002	Jubiläum 125 Jahre Pegnitztalbahn: Pendelfahrten mit einem dreiteiligen Schienenbus der Passauer Eisenbahnfreunde zwischen Hersbruck und Simmelsdorf durch die IGE Bahntouristik
15.12.2002	Fahrplanwechsel: Züge Neuhaus – Nürnberg halten wieder an allen Unterwegsstationen, dafür Schnaittachtalbahn mit Halt nur an ausgewählten Stationen zwischen Lauf und Nürnberg Schülerzug mittags (Nürnberg Hbf ab 13:21, Simmelsdorf ab 14:10 Uhr) ab sofort lokbespannt als Wendezug mit Baureihe 218 und vier Wagen – damit zwei Zugpaare lokbespannt, die restlichen Züge mit Triebwagen der Baureihe 614
31.03.2003	Gesprächsrunde zur Zukunft der Schnaittachtalbahn im Landratsamt in Lauf
02.08.2003	Sonderfahrten mit zweiteiligem Schienenbus
Mai bis Juli 2003	Erneuerung der Schienen auf der gesamten Strecke
30.11.2003	Rückbau der Weichen in Schnaittach
14.12.2003	Einstellung des seit 1996 verkehrenden Ersatzbusses für den gestrichenen Frühzug Rauchverbot in den Dieseltriebwagen der Baureihe 614
2004	VGN verbietet MobiCard-Verleih
27.03.2004	Rückbau der Hebelbank im Bahnhofsgebäude in Schnaittach
14.09.2004	Zug ab Simmelsdorf um 6:51 Uhr ab sofort mit fünf statt vier Wagen
18./19.11. 2004	Schotterzug mit Diesellok RC 0506 (Baureihe 203) des Rail Center Nürnberg auf der Strecke
02./03.12. 2004	Schotterzug mit Diesellok RC 0504 (Baureihe G 1206) des Rail Center Nürnberg auf der Strecke
02.03.2005	1. Ausschreibung des Nürnberger Dieselnetzes durch die Bayerische Eisenbahngesellschaft, Laufzeit 2008 bis 2019
22.07.2005	Rauchverbot in den lokbespannten Zügen

18.11.2005	1. Vergabe des Nürnberger Dieselnetzes durch die Bayerische Eisenbahngesellschaft an DB Regio Vertragslaufzeit: Dezember 2008 bis Juni 2019
11.12.2005 bis 09.12.2006	zusätzlich zu den zwei Schülerzugpaaren werden drei weitere Zugpaare lokbespannt mit einem 3-Wagen-Wendezug und einer Diesellok der Baureihe 218 gefahren
2006	Ausstattung der Strecke mit GSM-R-Zugfunk durch Aufstellung von zwei Funkmasten bei Speikern und Hedersdorf
10.12.2006	Schaffnerloser Betrieb bei den Triebwagen der Baureihe 614; der Haltepunkt Speikern erhält eine Videoanlage, damit der Lokführer den Zug selbst überblicken und abfertigen kann
01.09.2007	Rauchverbot auf allen Stationen, entsprechende Hinweisschilder werden aufgestellt
Ende 2007	Ausbau der Einfahrweiche in Simmelsdorf
11.01.2008	erstmals Triebwagen der Baureihe 648 im Planeinsatz
Sommer 2008	neue Fahrkartenautomaten mit Berührbildschirm an allen Stationen
15.09.2008	nur noch Triebwagen der Baureihe 648 im Planeinsatz
Sept. 2008	Rückbau des Kreuzungsgleises in Schnaittach
12.10.2008	Dampflokfahrten mit 52 8195 und V60 11011 Taufe eines modernen Triebwagens (648 303/803) auf den Namen „Schnaittachtal"
14.12.2008	Fahrplanwechsel: - Abendverbindungen bis Mitternacht - Stundentakt am Wochenende - durchgehende Züge nach Nürnberg am Wochenende mit Flügelung in Lauf bzw. Neunkirchen - Einführung Nightliner (Nachtbus) am Wochenende
August 2009	Neubau der Bahnsteige in Simmelsdorf, Hedersdorf und Rollhofen
Mai 2010	Neubau des Bahnsteigs in Schnaittach

Sept. 2011	Abriss der BayWa in Simmelsdorf
Herbst 2011	Versteigerung des Simmelsdorfer Bahnhofsgebäudes durch das Auktionshaus Karhausen
Juli 2012	Abriss der Gleise in Simmelsdorf bis auf das Bahnsteiggleis
2013	Kauf des Bahnhofsgebäudes in Schnaittach durch den Markt Schnaittach
2014	Abriss der hölzernen Wartehalle des Schnaittacher Bahnhofsgebäudes
14.12.2014	Fahrplanwechsel: Verlängerung der Standzeiten in Lauf bzw. Neunkirchen am Wochenende auf 14 Minuten; Fahrzeit Simmelsdorf – Nürnberg 55 statt 48 Minuten
2015	Bahnhofsgebäude in Schnaittach wird unter Denkmalschutz gestellt
2015	2. Ausschreibung des Nürnberger Dieselnetzes durch die Bayerische Eisenbahngesellschaft, Laufzeit 2019 bis 2031
22.09.2015	einstimmiger Beschluss des Gemeinderates Simmelsdorf zum Abriss des denkmalgeschützten Lokschuppens
13.12.2015	Fahrplanwechsel: Entfall der Flügelungen am Wochenende und damit weitgehende Streichung der Direktverbindungen von/nach Nürnberg am Wochenende. Ausnahme: die beiden letzten Zugpaare abends
14.06.2016	2. Vergabe des Nürnberger Dieselnetzes durch die Bayerische Eisenbahngesellschaft an DB Regio Vertragslaufzeit: Juni 2019 bis Juni 2031
Mai 2017	Verkauf des Bahnhofsgebäudes in Schnaittach durch den Markt Schnaittach an die Raiffeisen Spar+Kreditbank eG
Juni 2017	Bahnübergang Hedersdorf erhält technische Sicherung mit Ampel und Halbschranken
2018	Erneuerung der Eisenbahnbrücke in Rollhofen
25.03.2019	erste Fahrgasteinsätze der Baureihe 622 (LINT 54)
09.06.2019	Vertragsbeginn der 2. Ausschreibung zwischen Bayerischer Eisenbahngesellschaft und DB Regio

2006

Im Juni 2006 ist zwischen Hedersdorf und Schnaittach alles im grünen Bereich.
Mit neuen Fahrzeugen blüht die Schnaittachtalbahn wieder richtig auf.

2011

Quellen- und Literaturverzeichnis

Quellenverzeichnis

1   Schreiben des Verkehrsverbundes Großraum Nürnberg vom 09.10.1995 an Dominik Sommerer

2   Schreiben des Bayerischen Landtags vom 29.02.1996 an Dominik Sommerer

3   Schreiben der Deutschen Bahn AG vom 20.12.1995 an Dominik Sommerer

4   *Pegnitz-Zeitung*, „Mehr Züge nach Simmelsdorf", 30.03.1996

5   Schreiben von Schnaittachs Bürgermeister Hähnlein vom 27.04.1996 an Bündnis 90/ Die Grünen, Karin Dobbert

6   *Nürnberger Nachrichten*, „Bahn verspricht die ‚Revolution' für Kunden", 04./05.05.1996

7   Leserbrief „Wartezeiten bis zu 56 Minuten" von Klaus Fleischmann in der *Pegnitz-Zeitung*, 15./16.06.1996

8   *Pegnitz-Zeitung*, „Fahrplanwechsel bringt Einbuße", 15.05.1996

9   *Pegnitz-Zeitung*, „Kann Ausweichgleis bleiben", 15./16.06.1996

10 *Pegnitz-Zeitung*, „Keine Zukunft für 8604?", 28.08.1996

11 Leserbrief „Es geht ohne Millionen" von Frank Beckmann, Interessengemeinschaft Schnaittachtalbahn, in der *Pegnitz-Zeitung*, September 1996

12 Schreiben von Helmut Reich, Landrat des Landkreises Nürnberger Land, an Kreisrätin Gunda Thiel vom 01.08.1996

13 Schreiben von Hans Spitzner, Staatssekretär im Bayerischen Staatsministerium für Wirtschaft, Verkehr und Technologie, vom 20.08.1996 an Johann Böhm, Präsident des Bayerischen Landtags, aufgrund der Eingabe der Interessengemeinschaft Schnaittachtalbahn vom 15.05.1996

14 *Nürnberger Nachrichten*, „Auf Dauer nicht rentabel", 08./09.03.1997

15 *Nürnberger Nachrichten*, „Deutschlands Nebenbahnen unterm Hammer?", 12.03.1997

16 *Pegnitz-Zeitung*, „Nacht- und Nebel-Aktion in Wildwest-Manier ...", 10.04.1997

17 *Pegnitz-Zeitung*, „Streckenrückbau nicht beabsichtigt", 04.06.1997

18 *Pegnitz-Zeitung*, „Ganze Arbeit mit Schneidbrenner", 15.04.1997

19 *Pegnitz-Zeitung*, „Schienen und Gewerbegebiet: beides ist möglich", 06./07.01.2001

20 Schreiben der DB Netz AG vom 12.03.2001 an die Interessengemeinschaft Schnaittachtalbahn e.V.

21 *IGSBnebenbahnkonzept*, Seite 9

22 *Pegnitz-Zeitung*, „Pendolino wird in Lauf halten", genaues Datum unbekannt

23   *Pegnitz-Zeitung*, „Kein Halt in Lauf", genaues Datum unbekannt

24   *Pegnitz-Zeitung*, „Pendolino nicht für Nahverkehr", genaues Datum unbekannt

25   Schreiben der Bundesbahndirektion Nürnberg vom 20.10.1992 an Dominik Sommerer

26   Schreiben von Dr. Ehmann, Landratsamt Nürnberger Land, vom 30.10.1995 an Dominik Sommerer

27   Schreiben von Helmut Reich, Stellvertreter des Landrates, vom 08.11.1995 an Dominik Sommerer

28   Schreiben des Zweckverbands Verkehrsverbund Großraum Nürnberg vom 10.04.1997 an die Bayerische Eisenbahngesellschaft mbH

29   Schreiben der Bayerischen Eisenbahngesellschaft mbH vom 16.01.1997 an Dominik Sommerer

30   Schreiben von Bürgermeister Pompl, Stadt Lauf an der Pegnitz, vom 17.02.1999 an Deutsche Bahn AG, Geschäftsbereich Nahverkehr, Regionalbereich Nordbayern

31   *Hersbrucker Zeitung*, „Zeitweise weniger Züge", 04.11.1999

32   *Pegnitz-Zeitung*, „‚Zugangebot bleibt gleich'", 23.11.1999

33   Schreiben der Gemeinden Neunkirchen am Sand, Schnaittach und Simmelsdorf vom 01.02.2000 an Dr. Otto Wiesheu, Minister im Bayerischen Staatsministerium für Wirtschaft, Verkehr und Technologie

34   Referatsvorlage des Bayerischen Staatsministeriums für Wirtschaft, Verkehr und Technologie, Abteilung VII/B2, an Staatsminister Wiesheu vom 08.02.2000

35   *Pegnitz-Zeitung*, „‚Man versteht uns'", 28.01.2000

36   *PRO BAHN Zeitung 2/2000*, Rainer Engel, „Die letzten holt erst der Bus und dann der Teufel"

37   *Spiegel Online*, „Deutscher Meckerverein", 10.06.2002, http://www.spiegel.de/wirtschaft/verbraucherschutz-deutscher-meckerverein-a-200108.html

38   *Pegnitz-Zeitung*, „Steht die Schnaittachtalbahn vor dem Aus?", 27.03.2000

39   *Nürnberger Nachrichten*, „Ärger über Bahn", 04.04.2000

40   *Pegnitz-Zeitung*, „Schreiben an Wiesheu", 28.03.2000

41   *Pegnitz-Zeitung*, „‚Wir werden alles tun'", 16.05.2000

42   *Nürnberger Nachrichten*, „Grüne stellen Bedingungen für Bahnregionalisierung", 30.03.2000

43   *Hersbrucker Zeitung*, „Bahnstrecken im Verbund bleiben", 18.05.2000

44   *Pegnitz-Zeitung*, „Landratsamt bestätigt neuen ‚Stadtexpress'", 25.10.2000

45   *Nahverkehr der Zukunft*, herausgegeben vom Zentrum Arbeit Technik und Umwelt e.V., Mai 1990

46 *Hersbrucker Zeitung*, „Zugverbindung zerrissen", vom 09.07.2001

47 Schreiben von Kurt Eckstein, Abgeordneter des Bayerischen Landtags, vom 18.11.2003 an Staatsminister Dr. Otto Wiesheu

48 Schreiben der DB Netz AG vom 01.10.2008 an Bürgermeister Georg Brandmüller, Markt Schnaittach

49 Schreiben von Emilia Müller, Bayerische Staatsministerin für Wirtschaft, Infrastruktur, Verkehr und Technologie vom 18.08.2008 an Dr. Thomas Beyer, Abgeordneter des Bayerischen Landtages

50 Schreiben von Dr. Thomas Beyer, Abgeordneter des Bayerischen Landtages, vom 05.09.2008 an Emilia Müller, Bayerische Staatsministerin für Wirtschaft, Infrastruktur, Verkehr und Technologie

51 *IGSBnebenbahnkonzept*, Seite 36

52 Schreiben der Verkehrsverbund Großraum Nürnberg GmbH vom 24.08.1998 an die Interessengemeinschaft Schnaittachtalbahn e.V.

53 *IGSBnebenbahnkonzept*, Seite 21

54 *Pegnitz-Zeitung*, Leserbrief „Endlich Schluß mit dem Gepfeife", Dezember 1996

55 *Pegnitz-Zeitung*, Leserbrief „'Wann pfeift der Zug wieder?'", 21./22.12.1996

56 *Pegnitz-Zeitung*, Leserbrief „'Tuut-Belästigung'", 29.12.1997

57 *IGSBnebenbahnkonzept*, Seite 22

58 *Pegnitz-Zeitung*, „Höchster Komfort auch für Pendler", 03.12.1996

59 *Pegnitz-Zeitung*, „Das lange Hoffen auf einen längeren Zug", 02.11.2002

60 *Pegnitz-Zeitung*, „Zugbegleiter sollen Schüler besser verteilen", 16.01.2004

61 *Pegnitz-Zeitung*, Leserbrief „Bahnsteige kurzfristig verlängern", 27.01.2004

62 Schreiben von Dr. Thomas Beyer, Abgeordneter des Bayerischen Landtages, vom 19.01.2004 an Klaus-Dieter Josel, Konzernbevollmächtigter der Deutschen Bahn AG für den Freistaat Bayern

63 Schreiben von Klaus-Dieter Josel, Konzernbevollmächtigter der Deutschen Bahn AG für den Freistaat Bayern, vom 10.03.2004 an Dr. Thomas Beyer, Abgeordneter des Bayerischen Landtages

64 Schreiben von DB Regio Mittelfranken vom 29.09.2004 an die Interessengemeinschaft Schnaittachtalbahn e.V.

65 *Pegnitz-Zeitung*, „Die Lokparade war das Sorgenkind", 18.07.2002

66 *Nürnberger Nachrichten*, „Die Stadtteile im Visier", 16.10.2001

67 *Nürnberger Nachrichten*, „Mit den Augen der Fahrgäste", 07.08.2003

68   Schreiben der Deutschen Bahn AG, Geschäftsbereich Ladungsverkehr, Regionalbereich Nürnberg, vom 18.07.1995 an Dominik Sommerer

69   Schreiben vom 09.01.1996 an Dominik Sommerer, Verfasser ist dem Autor bekannt, Originalschreiben ist beim Autor archiviert

70   Schreiben vom 26.10.1995 an Dominik Sommerer, Verfasser ist dem Autor bekannt, Originalschreiben ist beim Autor archiviert

71   Pressemitteilung des PRO BAHN Bundesverbandes aus dem Jahr 2002

72   Von Michael Heimerl - Eigenes Werk, CC BY-SA 3.0,
      https://commons.wikimedia.org/w/index.php?curid=4601788

73   Quelle Bildzitat: Stiftung Haus der Geschichte der Bundesrepublik Deutschland; Urheber: Bundesbüro der Grünen, Bonn

74   Quelle Bildzitat: „Mit Takt und Tempo" und „InterCityExpress"; Sammlung Dominik Sommerer; Urheber: Deutsche Bundesbahn

Literaturverzeichnis

Simmelsdorf-Express, Franz Semlinger, 1995

Dank

Für die Unterstützung dieses Buches mit Bildern, Texten und Gestaltung bedanke ich mich bei:

- Andreas Beck
- Prof. Dr. Thomas Beyer
- Anita Held
- Torsten Eil
- Rainer Engel
- Klaus Fleischmann
- Anton Hensel
- Bernd J. Loos
- Karl-Wilhelm Koch
- Mathias König
- Stephan Schäff
- Hans-Peter Zimmermann

Außerdem danke ich …

- … all meinen Vorfahren und Ahnen, ohne die es mich nicht gäbe und folglich nicht dieses Buch.
  Dies gilt besonders für meine Eltern, Bettina Sommerer und Jürgen Sommerer, sowie meine *Neunkirchener Oma*, Rosemarie Sommerer. Letztere teilt meine Begeisterung für Züge nicht und hat mich dennoch in meiner Kindheit stundenlang am Bahnhof beaufsichtigt – nicht nur in Neunkirchen …

- … dem Lokführer Paul M. für die Führerstandsmitfahrten im Bahnhof Simmelsdorf in meiner Kindheit.

Nützliche Internetseiten

Meine berufliche Internetseite für Eisenbahnunternehmen, Aufgabenträger und Verkehrsplanungsbüros. Neben einigen Fachartikeln können Sie das „völlig utopische" IGSBnebenbahnkonzept in der Originalversion von 1998 gratis herunterladen:
www.sommerer.de

Meine persönliche Internetseite über meine Abenteuer, Herzensprojekte und Erfahrungen:
www.dominikswelt.de

Internetseite der Interessengemeinschaft Schnaittachtalbahn e.V. (IGSB):
www.schnaittachtalbahn.de

Über den Autor

Der Verkehrsfachwirt Dominik Sommerer wurde 1980 geboren und begeistert sich seit seiner Kindheit für Eisenbahnen und nachhaltige Mobilität. Er war Gründer der Interessengemeinschaft Schnaittachtalbahn, zehn Jahre lang ihr Vorsitzender und trug mit dem Zukunftskonzept Schnaittachtalbahn dazu bei, die bedrohte Bahnlinie zu seinem Heimatort zu einem deutschlandweiten Vorzeigeprojekt zu führen.

Sommerer hat seine Leidenschaft zum Beruf gemacht und unterstützt Eisenbahnunternehmen mit Beratung und Schulung dabei, dass ihre Züge sicher, zuverlässig, komfortabel und wirtschaftlich fahren.